汉竹编著·亲亲乐读系列

0~3岁育儿
一本就搞定

曾少鹏 主编

U0311145

汉竹图书微博
http://weibo.com/hanzhutushu

江苏凤凰科学技术出版社
全国百佳图书出版单位

导读

宝宝不爱吃饭怎么办?

为什么宝宝总生病?

宝宝经常半夜哭醒是怎么回事?

怎样培养宝宝的好性格?

······

有了宝宝以后,新手爸妈除了欣喜也有许多疑虑。面对宝宝出现的各种情况,新手爸妈常常不知如何应对,急得焦头烂额,希望能又快又好地解决问题,给宝宝最好的呵护。新手爸妈不用过分担心,有了这本书的帮助,你就可以轻松应对多种育儿问题,养出健康又聪明的宝宝。

这是一本内容详尽的育儿大百科。书中从宝宝的喂养、日常护理、睡觉、疾病应对、好性格培养等多方面介绍了育儿过程中的细节和要点，按照0~3岁宝宝的成长时间段划分章节，清晰明确。宝宝在哪个年龄段就读哪个阶段的内容，针对性很强，方便又实用。

本书设置了新手爸妈普遍关注的育儿问题版块，并做出了详尽的解答，让新手爸妈轻松获取育儿经验，顺利地攻克育儿路上的难题。书中还贴心地设置了"图说育儿"环节，图文并茂，手把手教你如何照顾宝宝，让新手爸妈一看就懂，一学就会，轻轻松松养育健康宝宝。

相信本书中科学合理的指导、丰富的育儿经验一定能帮你解决育儿路上的烦恼。新手爸妈快快翻开本书，陪宝宝一起快乐成长吧！

第一章 新生儿

第二章 1~3 月

第三章 4~6月

第四章 7~9 月

第五章 10~12 月

第六章 1~2 岁

第七章 2~3 岁

第八章
0~3 岁宝宝常见疾病应对

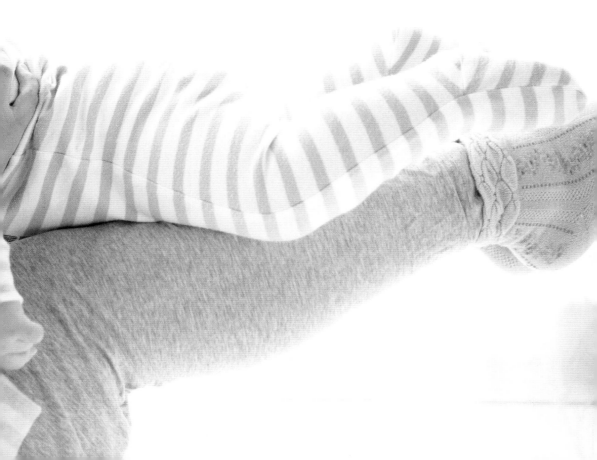

第一章 新生儿

经过十个月的期盼和等待，妈妈肚子里的小宝宝终于降生啦！刚出生的这一个月里，宝宝需要慢慢适应外界的环境。面对这么小的宝宝，新手爸妈在欣喜之余，也有一些担忧：宝宝一直哭闹怎么办？怎样给宝宝喂奶？怎么抱宝宝最舒服？……别着急，只要了解新生儿的特殊表现，知道如何应对一些异常情况，新手爸妈就可以轻松照顾好宝宝，让宝宝变得乖巧、听话。

五大能力让你知道宝宝能做什么

新生儿十分柔弱，四肢、手脚都小小的，需要爸爸妈妈的精心呵护。这时的小宝宝除了吃奶，其他时间几乎都在睡，每天的睡眠时间在 20 小时以上。新生儿的生长有许多特别之处，快来看一看新生儿能做些什么吧。

新生儿成长概述

刚出生的小宝宝体重在 2.5~4 千克，身长在 47~53 厘米。

新生儿的视觉和听觉能力较弱，呼吸也不太平稳，皮肤上可能会有斑点或皮疹。爸爸妈妈不用太担心，随着宝宝的成长，这些情况都会得到改善。

新生儿除了吃就是睡，不舒服就会哭，爸爸妈妈要时刻关照小宝宝，让他吃好睡好，不哭不闹。

大运动

到了出生第 4 周，新生儿的运动能力有了一定的发展：四肢经常摆来摆去，小手有抓握反射，喜欢蹬腿，而且还很有力呢！

》 手或脚常常发生不由自主的抖动。

》 总是握紧两个小拳头。

》 一听到声响就会吓得全身紧缩。

精细运动

新生儿神经系统发育不成熟，宝宝睡着后偶尔会有局部的肌肉抽动现象。此时，只要妈妈用手轻轻按住宝宝身体的任何一个部位，就可以使宝宝安静下来。

》 睡着后手指或脚趾会轻轻地颤动。

》 不由自主地抖动下巴。

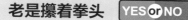

宝宝总是睡觉

新手爸妈不要打扰宝宝睡觉，更不要随意唤醒宝宝。

老是攥着拳头 YES or NO

有些细心的新手爸妈会发现，宝宝的手老是攥着拳头，这是怎么回事呢？这是因为新生儿大脑皮质发育尚不成熟，手部肌肉调节能力差，造成了屈手指的屈肌收缩占优势，而伸手指的伸肌相对无力，表现出来就是紧握两个小拳头。随着宝宝的成长，这种现象会逐渐好转，一般6个月时就会基本消失。

语言交流能力

新生儿用哭声来表达自己的需求和不适，有时宝宝会发出"ei""ou"等音。不要忽略这一个小小的举动，他们并不是在简单模仿大人，而是通过语言向你表达不同的情绪。

❯ 学会听懂宝宝不同的哭声。

❯ 留意宝宝发出的简单声音。

认知能力

宝宝的反应越来越灵敏了，开始对外界事物感兴趣。如果妈妈跟宝宝说话，宝宝会一直盯着妈妈看；妈妈如果走开，宝宝的视线会追随妈妈。

❯ 家人放下宝宝，在另一边说话时，宝宝自己会把头转过来。

❯ 会和爸爸妈妈进行眼神交流。

社会适应能力

新生儿具有惊人的沟通能力，他们用的是特殊的非语言社交技能：通过头部、手臂、手、脚和躯干的运动，注意周遭的人和物，用笑和哭来跟大人沟通。

❯ 用面部表情反映自己的情绪。

❯ 不舒服时就哭。

❯ 家人逗宝宝时，他会愉快地笑。

新生儿喂养·母乳喂养

母乳是宝宝最好的食物，母乳喂养是最科学的喂养方法。母乳含有宝宝所需的全面营养，而且含有丰富的免疫类物质，可以让宝宝慢慢健壮起来，适应生活的环境。

争取让宝宝吃到初乳

初乳是新妈妈分娩后7天内分泌的乳汁。初乳对宝宝的健康有重要意义，是珍贵的"黄金营养"。

与成熟乳比较，初乳中富含抗体、脂肪及宝宝所需要的各种酶类、碳水化合物等。这些都是其他乳品所不能代替的，有利于新生儿的消化吸收。初乳含有比成熟乳多得多的免疫因子，可以保证新生儿免受病菌的侵袭，提高宝宝的免疫力。

新生儿每天应该吃多少

宝宝刚开始时吃的奶量是非常少的，因为胎便还没有完全排出，所以不要期望宝宝能大口大口地咽奶。但宝宝每天的奶量是成倍增长的，刚开始时，宝宝一天可能只吃5~8毫升奶，第二天就能吃10~16毫升，一周后每次就能达到50~70毫升。一周之后，宝宝的奶量可以根据体重计算：24小时奶量（毫升）＝体重（千克）×150或200。

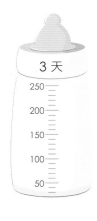

3 天

7 天

7天~1个月

1 个月

宝宝的吃奶量
新生宝宝的胃口很小，虽然吃奶次数很多，但每次吃奶量都不多。

找对姿势让哺乳更轻松

掌握了舒适的哺乳姿势会让妈妈轻松很多。

妈妈坐舒服：如果坐在椅子上，脚就踩一只脚凳，将膝盖抬高；如果坐在床上，就用枕头垫在膝盖下，方便将宝宝抱到你胸前。

宝宝躺舒服：宝宝横躺在妈妈怀里，使整个身体对着妈妈的身体，这样脸就能对着妈妈的乳房了。

正确哺乳：宝宝吸吮的应该是妈妈的乳晕，这样才能有效地刺激乳腺分泌乳汁。

摇篮式：妈妈用一只手臂的肘关节内侧支撑住宝宝的头，可以让宝宝更好地衔住乳头和乳晕。

交叉摇篮式：妈妈的右手轻轻地托住宝宝，左手可以自由活动，帮助宝宝更好地吸吮。

鞍马式：宝宝骑坐在妈妈的大腿上，面向妈妈。妈妈用一只手扶住宝宝，另一只手托住自己的乳房。此姿势适合大一些的宝宝，方便衔住乳头。

足球式：宝宝被完全夹住，更有安全感。

? 妈妈常问喂养难题

妈妈怎么做，母乳更优质

💙 **No.1 母乳喂养期间，妈妈需要忌口吗？** 每个宝宝对妈妈饮食的反应都不一样，只要宝宝没有出现过敏症状，妈妈就不必特意忌口。但是，妈妈应注意哪些食物适合吃，哪些食物不适合吃。

💙 **No.2 心情不好会影响乳汁分泌吗？** 妈妈任何的情绪波动，如烦躁、伤心、生气、郁闷等，都可能通过大脑皮层影响脑垂体的活动，从而抑制催乳素的分泌。

💙 **No.3 吃药后哺乳影响母乳质量吗？** 药物对母乳会有一定影响，但如果生病了不要一味拒绝吃药，咨询医生并查询药物是否对母乳有影响，无法查询的情况下，尽量控制吃药和喂母乳时间间隔4小时，并尽量在哺乳后吃药。

喂奶时让宝宝含住乳晕

有时妈妈喂奶时会感到乳头疼痛，可能是因为哺乳方式不正确引起的。正确的哺乳方式是宝宝要连乳晕一起含住，而不是只咬住乳头。

含住乳晕，吃奶不费劲

宝宝吃奶时，一定要让宝宝含住乳头和大部分乳晕，这样才能有效地刺激乳腺分泌乳汁。宝宝仅仅吸吮乳头不仅吃不到奶，而且会引起妈妈乳头皲裂。如果宝宝吃奶不费力，而妈妈也感觉不到乳头疼痛，那就是正确了。

如果妈妈乳头疼痛，可能是哺乳时宝宝没有充分含住整个乳晕部分，而只是咬住了乳头造成的。妈妈要耐心地与宝宝一起掌握这个技巧。

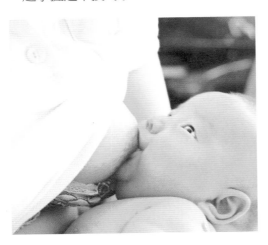

不要让宝宝含着乳头睡觉

含着乳头睡觉，既影响宝宝睡眠，也不利于养成良好的吃奶习惯，而且容易堵着鼻子造成窒息，也有可能导致乳头皲裂。所以，不管是白天还是晚上喂奶，妈妈都不要让宝宝含着乳头睡觉。

妈妈晚上喂奶时最好坐起来抱着宝宝哺乳。结束后，可以抱起宝宝在房间内走动，也可以让宝宝听听妈妈心脏跳动的声音，或者是哼着小调让宝宝快速进入梦乡。

如何巧妙地从宝宝口中抽出乳头

让宝宝自动结束哺乳是最自然、最好的，您的宝宝知道自己什么时候吃饱了，什么时候该停止吸吮。但有些淘气的小宝宝对乳头恋恋不舍，即便吃饱了也叼着玩。这时，就需要妈妈来帮忙了。

1. 妈妈可将食指伸进宝宝的嘴角，慢慢让他把嘴松开，再抽出乳头。

2. 妈妈还可用手指轻压宝宝的下巴或下嘴唇，这样会使宝宝松开乳头。

乳房越大乳汁越多？ YES or NO

乳房大小基本上是由胸部脂肪的多少决定的，而乳汁是由乳腺产生的，因此乳汁的分泌量与乳房的大小没有关系。并不是乳房越大分泌的乳汁越多，相反，那些乳房较小的妈妈更容易调整好乳房的位置，更易于宝宝吸吮，能分泌更多的乳汁。

轻松帮助宝宝含住乳晕的小窍门

怎样才能让宝宝含住大部分乳晕呢？方法其实很简单，赶快跟着图示来学习吧！

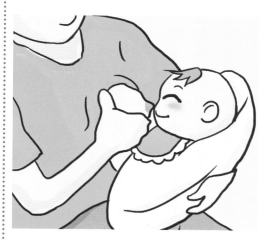

用一个舒服的姿势将宝宝抱在怀中，妈妈先用手指或乳头轻触宝宝的嘴唇，他会本能地张大嘴巴，寻找乳头。

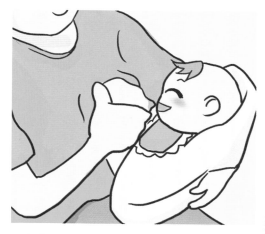

用拇指顶住乳晕上方，用其他手指以及手掌在乳晕下方托握住乳房，继续用乳头轻触宝宝的嘴唇，让他张大嘴巴。

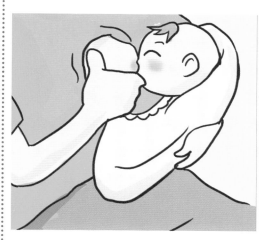

趁宝宝张大嘴巴，直接把乳头和乳晕送进宝宝的嘴巴。一旦确认宝宝含住了乳晕，赶快抱紧宝宝，使他紧紧贴着你。

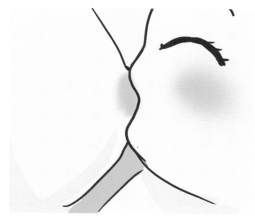

温柔地注视着宝宝，鼓励他吃奶。注意观察宝宝的吮吸动作和面部表情，如果宝宝表现出不舒服要及时调整喂奶姿势。

乳头异常怎么哺乳

哺乳对于妈妈和宝宝来说都是一个技术活儿，尤其是对那些有特殊乳头的妈妈来说。不过有特殊乳头的妈妈也不必沮丧，你和宝宝只要多努力一点，一样可以使喂奶和吃奶变成一种无与伦比的美妙享受。

乳头内陷妈妈如何哺乳

正常情况下，乳头应高于乳晕平面1.5~2厘米，如果低于这个标准则属于乳头内陷。在哺乳之初，乳头内陷的妈妈可能会有些困难，但仍应坚持母乳喂养。乳头内陷进行哺乳的方法是每次将乳头轻轻拉出然后送入宝宝口中，或使用模拟乳头贴在妈妈乳头上让宝宝吸吮。

如果新妈妈的乳头内陷，可以多做做乳房按摩，有助于改善乳头内陷情况。

乳头出现皲裂怎么办

妈妈乳头出现皲裂主要是由哺乳的方法不正确引起的。因此哺乳时一定要将乳头和乳晕一起送进宝宝的口中，特别是乳头内陷刚刚纠正的妈妈。乳头发生皲裂时，妈妈可在每次哺乳后挤出一点奶水涂抹在乳头及乳晕上，让奶水中的蛋白质促进皲裂乳头的修复。另外，用鱼肝油涂抹在乳头上也很有效，或用熟的植物油也可以。

每次哺乳前，妈妈没有必要过分清洗乳头，只需经常更换内衣即可。特别是不要用肥皂去清洗，因为这样会使乳头部位的皮肤干燥，容易皲裂。另外，用温毛巾热敷乳房可以使乳房变软，能改善哺乳妈妈乳头皲裂的情况。

小乳头妈妈如何哺乳

乳头直径与长度都在0.5厘米以下的，被称为小乳头。小乳头妈妈在哺乳过程中会发现，宝宝比较不容易含住吸吮，但只要让宝宝连乳晕一起含住，还是可以轻松进行母乳喂养的。

喂完奶要给宝宝拍嗝

妈妈给宝宝喂完奶后不能直接把宝宝放在床上，因为宝宝的胃呈水平位，而且在吃奶时吞入空气，很容易溢奶，因此妈妈在喂完奶后要给宝宝拍嗝。

妈妈一手托住宝宝的头和脖子，另一只手支撑宝宝的腰和臀部，将宝宝竖着抱起来，调整好位置，让宝宝的下颌可以靠在大人肩膀上（肩膀上最好垫一块毛巾，以防有奶水溢出）。手掌略微拱起，呈半圆弧状，用空掌的方式轻拍宝宝背部，将宝宝吞入胃里的空气拍出来，直到听到宝宝打嗝为止。

宝宝打完嗝后，妈妈用抱起宝宝时的姿势，把宝宝轻轻放到床上。新生宝宝溢奶是很常见的现象，这种情况一直要持续到宝宝 3~4 个月大。当贲门肌肉的收缩功能发育成熟后，吐奶的次数就会逐渐减少。

让宝宝趴在妈妈的肩膀上，一手托住宝宝的小屁股，另一只手轻拍打他的后背，直到宝宝打嗝为止。

让宝宝坐在妈妈腿上，一只手托住宝宝的上半身，撑住宝宝的身体，一只手轻轻拍打背部。

让宝宝趴在妈妈的大腿上，一手撑住宝宝，一手轻拍宝宝背部。

? 妈妈常问喂养难题

妈妈怎么做，哺乳更顺利

♥ No.1 宝宝吐奶怎么办？给宝宝喂奶后，不要立即让宝宝躺下。竖抱宝宝，使其头部靠在父母肩上，轻拍宝宝的背部，帮助宝宝打个饱嗝，可以有效防止吐奶。

♥ No.2 宝宝整晚吃吃停停怎么办？在睡觉之前，好好地哺喂一次，让宝宝吃得饱饱的。如果宝宝夜里醒了，距离上一次吃奶时间不长，就不要给他喂奶了，可以轻拍后背，或者抱起来慢慢晃动。

♥ No.3 母乳喂养的宝宝需要喂水吗？母乳喂养的宝宝一般不需要喂水，这是因为母乳中含有充足的水分，母乳中的水分就可满足宝宝的需要。但如果是喝配方奶的宝宝，最好在两次喂哺之间喂点水。

宝宝饿了的 4 大信号

宝宝哭闹不止

如果没有吸吮到足够的乳汁，宝宝常常表现为哭闹、烦躁、吸吮指头、渴望妈妈的拥抱等。饥饿性哭闹的宝宝在吸奶时，会表现得很急迫。

体重一直不增

如果宝宝一段时间内体重增加变慢或者停滞时，妈妈可要注意了。建议这个时候带宝宝去医院做个全面体检，这可能是宝宝缺乏营养的表现。

大小便次数减少

如果宝宝每天拉尿弄脏的尿布不到 6 块，可别开心地以为可以少洗尿布了，这并不是好的现象。大小便次数和量的减少，往往提示着宝宝没吃饱。

睡眠质量较差

如果宝宝睡眠浅，容易惊醒，常常无故哭闹，就表示要妈妈喂奶了。

宝宝吃饱了的 4 大信号

妈妈喂奶有感觉

喂奶前乳房丰满，喂奶后乳房变柔软，喂奶时能听到宝宝"咕噜咕噜"的吞咽声。

宝宝体重稳步增长

这是最主要的指标，宝宝体重平均每周增加 200 克。

宝宝排便很规律

宝宝每天更换尿布 6 次以上，大便每天 2~4 次，呈金黄色糊状。

宝宝表现很安静

两次哺乳之间，宝宝感到很满足，表情快乐，眼睛明亮，反应灵敏，入睡时安静踏实。

多接触多吸吮，让奶水更多更足

妈妈的奶水越少，越要增加宝宝吮吸的次数。这个屡试不爽的催奶秘籍让无数的妈妈成功地实现了母乳喂养。

由于宝宝吮吸的力量较大，正好可以借助宝宝的嘴巴来按摩乳晕。而且，宝宝的吸吮可以让妈妈体内产生更多的催乳素，乳汁自然会越来越多。

当妈妈抱着宝宝时，要尽量使自己全身心放松，不需要什么技巧，当你温柔地抚摸着这个轻轻蠕动、柔软温热的小身体时，想象着宝宝要在呵护和关爱中长大……好好享受和宝宝心神合一的美妙时刻吧！

感冒后的哺乳窍门

感冒是常见的疾病。产后的妈妈容易出汗，加上抵抗力降低及产后的忙碌，患感冒很常见。此时该不该给宝宝喂奶就成了妈妈的一个难题，感冒会不会影响乳汁的成分，对宝宝不利呢？有什么方法能使感冒快点好呢？

其实，刚出生不久的宝宝自身带有来源于妈妈的免疫力，而且母乳喂养的情况下，各种营养和免疫因子会通过母乳源源不断地提供给宝宝，所以妈妈不用过于担心感冒会传给宝宝而不敢喂奶。

妈妈如果是单纯性感冒，要注意休息，营养健康饮食，在预防传染方面，注意卫生、勤洗手，避免对着宝宝呼吸等密切接触，适当戴口罩防止病菌传播。同时最好有人可以帮忙照看宝宝，妈妈也有足够的时间休息，就可以最大限度避免感染。

妈妈如果同时伴有高热，最好排查是否有流感并进行针对性治疗，通常不需要断母乳，但基于各种原因暂停母乳的情况下，要把母乳用吸奶器吸出，避免阻塞，方便日后继续母乳喂养。

母婴房间要保持空气流通，保持适当的温度和湿度，注意清洁卫生等工作。

注意饮食的清淡
哺乳妈妈感冒期间，饮食要清淡易消化。

乳头疼痛时的哺乳方法

有些妈妈皮肤娇嫩，当宝宝吸吮乳头时，会感到疼痛而不愿再继续哺乳。

乳头疼痛当务之急是改变哺乳姿势及宝宝的衔乳姿势。妈妈应将宝宝抱紧，让他贴近你的乳房，确保宝宝衔住尽可能多的乳晕。妈妈可以试着轻轻下拉宝宝的下唇，看到宝宝舌头的前端伸出到下齿龈上方，罩在下唇和乳房中间表示衔乳姿势正确。

妈妈在哺乳时，也可以先让宝宝吸吮稍微不痛的那侧乳房，等泌乳反射出现后改让宝宝吸吮疼痛的那一侧，这样能明显减轻宝宝吸吮时产生的疼痛感。因为通常在乳汁流出后，宝宝的吸吮力会小一些。

如果以上方法都不奏效，妈妈还可以使用乳头罩。这是一种柔软的硅胶奶头，正好罩在乳头和乳晕部位。宝宝吸吮乳头罩，就能从妈妈的乳房获得乳汁。但乳头罩不能长期使用，以免因为乳房刺激不够，出现泌乳量减少的问题。

新生儿喂养·混合喂养及人工喂养

混合喂养是指母乳喂养和人工喂养相结合的哺乳方式，多在母乳不足或妈妈外出不便的时候暂时代以授乳。混合喂养比较灵活多变，能够有效解决乳汁分泌不足等问题。

避免不必要的混合喂养

遇到母乳不足的情况时，妈妈要审慎处理，不可轻易添加配方奶或其他代乳品。宝宝出生后 15 天内，母乳分泌不足时，要尽量增加吸吮母乳的次数，只要有耐心和信心，乳汁会逐渐多起来的。如果出生半月内，宝宝每次吃完奶后都哭，应注意监测宝宝的体重，只要每 5 天增加 100~150 克，即使每次都吃不饱，也不必急于添加配方奶。但每天换尿布数量 <6 块，明显奶量不足的情况下，适当补充配方奶喂养，还是需要的。

尽量多喂母乳

混合喂养要尽量多喂母乳。母乳是越吸越多的，如果妈妈认为母乳不足，就过度减少喂母乳的次数，会使母乳越来越少。母乳喂养和配方奶喂养次数要均匀分开，不要过了很长一段时间才喂母乳。

夜间妈妈累，最好用母乳喂养

夜间妈妈比较累，尤其是后半夜，起床给宝宝冲配方奶很麻烦，最好是用母乳喂养。夜间妈妈休息，乳汁分泌量相对增多，宝宝需要量又相对减少，母乳基本可以满足宝宝的需要。但如果母乳量太少，宝宝吃不饱，就会缩短吃奶间隔，影响母婴休息，这就要考虑添加配方奶了。

夜间提倡母乳喂养，但如果母乳实在不足，为了不影响睡眠，可以以配方奶为主。

混合喂养的两种方法

混合喂养的效果虽不及母乳喂养，但比人工喂养要好很多。混合喂养一方面可以保证妈妈的乳房按时受到宝宝吸吮的刺激，从而维持乳汁的正常分泌，让宝宝摄取到丰富的营养；另一方面也有利于增进母婴感情，使宝宝得到更多的母爱，增强安全感。混合喂养的方法有两种，妈妈可根据自己的情况，选择适合自己和宝宝的方法。

补授法

宝宝完全吸吮完妈妈的乳汁后，如果还没有表现出满足状，就表示妈妈的乳汁量不够宝宝吃。这时候就应该用配方奶来补足未及的奶量。补授法可以有效保障妈妈的母乳量，因为宝宝的频繁吸吮可以持续刺激妈妈的乳房分泌乳汁。

代授法

代授法是将母乳与配方奶交替喂养，在全天24小时中选择一次或数次完全使用配方奶替代母乳喂养。代授法能够帮助妈妈解决母乳量不足的问题，以及困扰上班族妈妈们的朝九晚五无法按时喂养的问题。但是，这种方法也有一定的弊端，有可能减少母乳的分泌量及喂养次数。

无论是补授法还是代授法，都是一种被动的应对之举。除了用这两种方法来补充母乳量的不足外，妈妈也应该设法促进乳汁的分泌，常用的方法有用手挤奶和使用吸奶器。

妈妈常问喂养难题

妈妈怎么做，混合喂养更高效

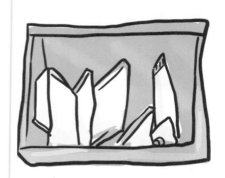

❤ **No.1 冷藏母乳可以保存多久?** 母乳室温不超过 4 小时;冷藏不超过 3 天;冷冻不超过 9 个月。

❤ **No.2 吃完母乳后再添加多少配方奶合适?** 妈妈可以先从少量开始添加，然后观察宝宝的反应。如果宝宝过一会儿就哭闹，说明他还没吃饱，可以再适当增加量。直到宝宝吃奶后能安静或持续睡眠 1 小时以上。

❤ **No.3 可以将母乳和配方奶混在一起吗?** 最好不要将二者混在一起，否则会改变母乳的成分，给宝宝未成熟的肾脏带来沉重的负担。

不能母乳喂养也不要着急

有时候，由于各种原因，妈妈不得不放弃母乳喂养宝宝，不要为此感到遗憾，也不要心存内疚。出生在现代的宝宝是很幸运的，尽管不能吃妈妈的奶，但还有配方奶，一样能让宝宝健康成长。

配方奶的选择

选择奶粉的时候，最重要的是看质量。只要是国家正规厂家生产、销售的奶粉，适合新生儿阶段的配方奶都可以选用。大部分健康宝宝，初次可选用大品牌的，正规超市或母婴店购买的普通婴儿配方奶。新手爸妈在选择奶粉时，要注意以下细节。

看颜色：优质奶粉应是白色略带淡黄色，色深或焦黄色奶粉质量略差。

闻气味：优质奶粉打开包装后，可以闻到醇厚的乳香气。若打开包装闻到有异味，表示奶粉已变质，不宜给宝宝食用。

摸摸看：优质奶粉摸起来是松散柔软的，可以摸到非常细小的颗粒，合上包装摇起来有轻微的沙沙声，倒出所有奶粉后，包装无黏着。

冲调后观察：优质奶粉冲调后不会出现沉淀物，而且会散发出浓浓的奶香味。

若静置后奶瓶中有沉淀物，表面还有悬浮物，说明奶粉已变质，最好不要给宝宝吃。

看外包装：要看清楚奶粉包装上的产品说明及标识是否齐全，是否有厂名、厂址、出产地、生产日期、保质期、执行标准、配料、营养成分、食用方法及适用对象等内容。

注意保质期限：新手爸妈在为宝宝选择合适的配方奶粉时，除了要仔细观察产品说明中的营养成分、使用方法及适用对象外，还要确保奶粉是在安全食用期内。

选配方奶时注意观察细节
选配方奶时要注意观察配方奶的外包装、颜色、气味、手感、冲泡后的状态等。

新生儿每次能喝多少配方奶

新生宝宝每天摄入奶量与新生宝宝的胃容量密切相关。足月出生的新生宝宝胃容量在20~45毫升，平均为30毫升，但这个数字在出生第二周后会明显增加；早产儿的胃容量较足月出生的宝宝小，一般在15~20毫升。所以在给刚刚出生几天的宝宝冲调奶粉时，每次冲调40毫升左右就足够了，早产儿20毫升左右即可。

一般新生宝宝一天喝奶七八次，喂奶间隔大约为3小时，但这个数字并不绝对，即使是新生宝宝之间个体差异也比较大。新手爸妈可根据自家宝宝吃奶时的状态，稍作调整。

宝宝喝多少配方奶根据体重调整

人工喂养宝宝喝多少奶合适与宝宝发育情况密切相关，为了更好地掌握给宝宝添加多少配方奶，最好定期称量宝宝的体重。如果宝宝体重增加过多，说明喂养过度，就要适当减少奶量；体重增加过慢，说明喂养不足。可以每月称体重后，将体重的数值记在生长发育图上，进行比较。

注意奶瓶的刻度：市场上的奶瓶多为80毫升、120毫升、160毫升、200毫升、240毫升等几种容量。奶瓶上标注容积刻度，便于父母掌握宝宝的进食量，有利于宝宝的健康成长。

❓ 妈妈常问喂养难题

妈妈怎么做，人工喂养更高效

❤ **No.1** 宝宝不认奶嘴怎么办？人工喂养时宝宝不认奶嘴可能是因为宝宝长时间经母乳喂养，不喜欢奶嘴，或是宝宝不喜欢奶粉的味道，可以继续母乳喂养或者换种奶粉试试。

❤ **No.2** 可以用开水冲奶粉吗？用开水冲奶粉是错误的，因为水温过高会使奶粉中的乳清蛋白产生凝块，影响消化吸收，还会破坏奶粉中的维生素和免疫活性物质。

❤ **No.3** 要不要给宝宝吃维生素 **D** 和钙？如果宝宝没有明显的缺钙征象，就不要额外补充钙剂，只要每天吃维生素 D 400~800 国际单位就可以了。

你真的会买奶粉吗

奶粉越贵越好吗？大多数爸爸妈妈刚开始为人父母，都希望给宝宝最好的东西，在挑选配方奶粉时会优先选择高价位、进口配方的奶粉。其实不一定价格高的、海外进口的奶粉就是好奶粉，一切都要看宝宝的需求，适合宝宝的才是最好的。

高价位 VS 普通价位

妈妈不要认为高价位的奶粉营养就高，高价位奶粉与普通奶粉所含的基础成分（蛋白质、脂肪、碳水化合物）是一样的，差别主要在于口感、微量元素、益生元、DHA 等成分的细微不同。所以，可以根据家庭经济情况来选择，不必盲目追求高价位。

进口 VS 本土

海外的奶粉不一定适合中国宝宝喝，也不一定没有质量问题，所以妈妈不要跟风选购。比如沿海地区国家的配方奶粉中锌、碘元素的含量可能会较低，高纬度地区国家的配方奶粉中维生素 D 的含量可能会高一些，这些营养的偏差可能并不适合中国的宝宝。

一定要买进口奶粉吗？ YES or NO

一些父母认为进口奶粉质量高、配方好，所以不惜花高价购买。某些配方奶存在质量问题，也让父母在购买时心存顾虑。其实也不必非得选进口配方奶粉，海外生产的奶粉不一定适合中国宝宝，优质的国产配方奶粉同样可以满足宝宝的需求。

宝宝的奶粉不要轻易换

新生儿身体各项功能不够完善，对食物的变换较为敏感，所以不适宜频繁更换宝宝奶粉。但如果宝宝对选用的奶粉表现出了不适，如出现腹泻、严重的便秘、哭闹或者过敏状况时，应及时给宝宝换奶粉。

值得注意的是，有些新手爸妈认为在同品牌奶粉之间互相转换，不算是换奶粉。其实即使相同品牌的奶粉，不同系列的产品，其营养成分不同，宝宝也需要有适应过程。因此，同品牌不同成分奶粉之间转换也应谨慎。

TIPS

一旦选择了一种品牌的配方奶，如果没有特殊情况，就不要轻易更换。

配方奶粉的储存

配方奶粉要放到阴凉干燥的地方，食用时最好先开一包或一罐。已开封的奶粉在每次冲调后要盖紧或扎紧袋口，然后存放于干净、干燥、阴凉的地方，避免光照。无论是开封的奶粉，还是尚未开封的奶粉，最好都不要放入冰箱保存。因为冰箱中湿度大，容易使奶粉受潮。

图说
育儿

4 步教你正确冲调配方奶

许多父母认为冲调奶粉很简单,但你的做法真的对吗? 一起来学习吧!

1. 洗净双手,将沸水冷却至 50℃ 左右,按调配说明向奶瓶中倒入适量温开水。过热的水会破坏奶粉中的活性物质,降低奶粉的营养价值。

2. 将消过毒的奶瓶和奶嘴放在干净的桌面上,用量勺舀取奶粉放进奶瓶中。注意奶粉量要适中,一次不要取太多。

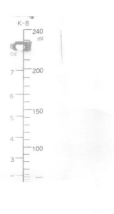

3. 拧紧奶瓶的胶盖,使奶瓶密闭,充分摇动奶瓶,让奶粉与水完全融合。如果有沉积物或悬浮颗粒最好不要给宝宝喝。

4. 冲好奶粉后摸一摸奶瓶,如果感觉热,可以将奶瓶放在凉水中凉一下。或者用奶嘴滴几滴奶液于手背处或手腕间,以感到不烫或不凉为宜。

正确挑选奶瓶和奶嘴

面对货架上各式各样的奶瓶和奶嘴，父母有时真是非常困惑，不知道如何选择。其实只要选择有"道"，找准适合新生儿的就够了。

奶瓶不要选购太复杂的，要选容易清洗的。奶瓶最好买宽口径的，冲配方奶时会比较容易，但宽口径奶瓶的奶嘴要比普通口径奶瓶的奶嘴稍贵些，可以根据宝宝的实际需求更换奶瓶。

奶瓶的选择

从制作材料上分，奶瓶主要有两种——玻璃制和 PC 制的。玻璃奶瓶更适合新生儿，由妈妈拿着喂宝宝。形状最好选择圆形，因为新生儿时期，宝宝吃奶、喝水主要是靠妈妈喂，圆形奶瓶内颈平滑，里面的液体流动顺畅，适合新生儿使用。

玻璃奶瓶除了强度不够，易碎之外，其他品质都优于 PC 制的塑料奶瓶。但塑料奶瓶有个最大的优点就在于其轻巧不易碎，可以让宝宝自己拿，可以出门时携带。所以，玻璃奶瓶主要还是适合父母在家亲自喂养婴儿时使用。当宝宝长大些，能自己拿奶瓶时，塑料奶瓶就可以开始派上用场了。

奶嘴的选择

奶嘴有橡胶和硅胶两种。相对来说，硅胶奶嘴没有橡胶的异味，容易被宝宝接纳，且不易老化，有抗热、抗腐蚀的特性。宝宝吸奶时间应在 10~15 分钟，过长或过短都不利于宝宝口腔的正常发育，圆孔小号最适合尚不能控制吸奶量的新生儿使用。

最好买同一品牌的同一种口径奶瓶，这样奶嘴就能互换。一般大、中、小奶瓶各一个就够了。小号奶嘴两个，一个用于喝水，一个用于吃奶；大号奶嘴可以多备几个，因为使用的时间会比较长。奶瓶和奶嘴每天至少消毒一次，奶嘴最好每个月定期更换新的。

TIPS
奶瓶使用前要用沸水或消毒锅消毒，不要使用消毒液和洗碗液。

冲调配方奶选水有讲究

给宝宝冲奶粉可是个精细活儿，新手爸妈可能已经学会了如何选购配方奶，也了解了如何挑选奶瓶和奶嘴，知道了冲奶粉的步骤和注意事项，但这样也不能保证万无一失。用来给宝宝冲调奶粉的水也十分重要，如果选用的水不好也会影响宝宝的健康，爸爸妈妈一定要选择适当的水来冲奶粉。

不要选择矿泉水或矿物质水

新手爸妈可能会认为矿泉水或矿物质水更加洁净，所以愿意选用矿泉水或矿物质水给宝宝冲调奶粉。但实际上，新生宝宝的器官十分娇嫩，肝脏、肾脏等内脏尚未发育完善，不能承受矿泉水或矿物质水中丰富的矿物质代谢，用这样的水冲奶粉会加重新生宝宝各脏器的运行负担。

为宝宝冲调奶粉的水提倡使用烧开的自来水。若家中的自来水水垢太多，可以在烧开后静置一会儿，再倒入其他容器。

不要使用放置时间过长的开水

空气中含有大量灰尘和细菌，开水放置时间超过 12 小时，水与空气充分接触，容易被空气中的细菌污染。所以给新生宝宝冲调奶粉时，最好不要选用静置时间过长的开水，即使是储存在保温壶中也不好。

不要使用久沸的水

重复煮开或反复煮开的水中，硝酸盐及亚硝酸盐的浓度较高，不适宜饮用，也不要用来给宝宝冲调奶粉。

注意家用"过滤"水

有些家庭安装了家用滤水器，用来过滤自来水中多余的杂质，但有了新生宝宝后，最好及时清洗滤水器，并对其进行检测，以免滤水器中藏有的细菌进入水中，影响宝宝健康。

新生儿护理要点

新生宝宝已经成为家庭中的一员了，吃喝拉撒睡都要爸爸妈妈来料理，需要爸爸妈妈的护理和关爱。把宝宝照顾得舒舒服服，他才能健康快乐地成长，看到他一天天长大，爸爸妈妈会觉得自己的付出是非常值得的。

宝宝五官和皮肤的护理

看着宝宝小巧可爱的五官和粉嫩的皮肤，爸爸妈妈肯定会忍不住想要摸一摸、亲一亲。然而宝宝还太小，他的小嘴巴、小鼻子、小耳朵等都需要精心的呵护，新手爸妈应积极学习护理宝宝五官和皮肤的技巧，让宝宝更健康。

口腔的护理

新生儿的口腔黏膜又薄又嫩，不要试图去擦拭它。如果发现宝宝口腔上颚中线两侧和齿龈边缘出现一些黄白色的小点，很像是长出来的牙齿，俗称"马牙"或"板牙"，这是一种正常的生理现象，在宝宝出生后的数月内会逐渐脱落。

要保持宝宝口腔的清洁。妈妈应在每次哺乳前用温水清洗乳房。

鼻腔的护理

宝宝的鼻腔黏膜比较薄嫩，不要随意抠挖新生儿鼻孔。一般情况下宝宝鼻孔都会很通畅，但在感冒时可能有分泌物堵塞鼻孔，这时可用婴儿专用棉签、消毒纱布或卫生纸捻成条状蘸温水后浅浅探入鼻孔，轻轻旋转一下，将分泌物带出；若分泌物比较干燥且硬，需先用 1 滴温水滴进鼻腔，待分泌物湿润泡软后再进行上述操作。

宝宝鼻涕过多可以用吸鼻器

使用吸鼻器时，动作要轻、缓、慢，以免伤到宝宝的鼻黏膜。

眼睛的护理

小宝宝的眼睛很脆弱，眼部分泌物较多，每天早晨要用专用毛巾或消毒棉签蘸温开水从眼内角向外轻轻擦拭，去除分泌物。擦另一只眼睛时，可换一支新棉签。

耳朵的护理

妈妈千万要记住，不要轻易尝试给小宝宝掏耳垢，因为这样容易伤到宝宝的耳膜，而且耳垢可以保护宝宝耳道免受细菌的侵害。

1. 用棉签蘸些温水擦拭外耳道及外耳。

2. 用一块柔软的棉布在温水中浸湿，然后轻轻擦拭宝宝外耳的褶皱和隐蔽的部位。

3. 一定要注意耳背后的清洁卫生，有时会发生湿疹及龟裂，可涂些食用植物油，如果发生耳后湿疹可涂湿疹膏。

皮肤的护理

新生儿皮肤娇嫩，角质层薄，皮下毛细血管丰富，要注意避免磕碰和擦伤。新生儿皮肤皱褶较多，易积汗，夏季容易发生皮肤糜烂。给新生儿洗澡时，要注意皱褶处的清洗，动作轻柔，不要用毛巾来回擦洗。

？妈妈常问护理难题

怎样护理宝宝让他更舒服

♥No.1 新生儿的小手每天都要洗吗？新生儿的小手每天都呈握拳状态，手指夹缝和手掌常常藏有污垢，所以要经常给宝宝洗小手。

♥No.2 宝宝脱皮是怎么回事？脱皮是因为新生儿皮肤最上层的角质层发育不完全。宝宝脱皮时无须采取保护措施，也不要强行将脱皮撕下。随着宝宝的成长，这种症状慢慢就会消失。

♥No.3 新生儿乳房肿胀是怎么回事？新生儿出生后一周左右会出现双侧乳腺肿胀，这是因为宝宝在胎儿期体内存在着来自母体一定量的雌激素、孕激素和催乳素所致。一般两三周便自行消退。

尿布和纸尿裤

家有宝宝，是用尿布还是纸尿裤？也许在老人和年轻父母之间会引起争议。其实尿布和纸尿裤都可以用，妈妈可以根据自家情况进行选择，最重要的是根据宝宝的情况进行选择。如果宝宝用纸尿裤后睡不好、屁股红，那就只能用尿布了。

尿布 PK 纸尿裤

传统尿布：尿布大都是棉布材质，质地柔软，环保又省钱；缺点是宝宝尿尿后无法保持表面干爽，必须赶紧更换。

纸尿裤：纸尿裤使用方便，减少了频繁换尿布的麻烦，并且能使宝宝的小屁屁保持干爽；缺点是透气性差，使用费用高。

给宝宝准备尿布专用筐

宝宝小便不分时间、地点，如果提前将换尿布时所用的物品准备好，妈妈就不会慌。擦屁股用的毛巾、湿巾、棉棒、爽身粉等必备品都应放在显眼的地方，以便及时给宝宝换上干净的尿布。

选择安全舒服的地方换尿布

躺在又硬又凉，而且人声嘈杂的地方，宝宝一定会闹情绪，不配合换尿布。熟悉、舒服、安静的地方才能给宝宝安全感，所以妈妈要在这种地方给宝宝换尿布。

TIPS
使用传统尿布，一定要清洗干净，能水煮消毒更好。另外，尿布要随洗随晾，不宜堆积。

怎样为宝宝选购合适的纸尿裤

宝宝是家里的宝贝，所以关于宝宝的一切物品，父母都想给他最好的，像纸尿裤这样的贴身物品，则更是马虎不得。但市面上的纸尿裤品牌众多，该如何选择呢？

先试用：在没有确定哪种纸尿裤适合自己的宝宝之前，最好先选择小包装的试用，并从舒适性、透气性、吸水量、有无侧漏以及尺寸大小几个方面进行评价。

经济性：虽说价格贵一点的纸尿裤会比较好，但也没有必要完全以价格作为衡量标准。因为只有适合宝宝的，才是最好的。

只用纸尿裤？

YES or NO

尿布质地柔软、透气性好，而且经济实用，但需要频繁更换；纸尿裤使用方便，能让宝宝的小屁屁保持干爽，但价格较高。对比尿布和纸尿裤，聪明的妈妈会根据不同的情况进行选择，可以在外出和夜间使用纸尿裤，白天在家用尿布，既节省费用又可发挥各自的优点。

4 步快速换好纸尿裤的方法

用对方法，就可以简单快捷地为宝宝更换纸尿裤，让宝宝舒适不哭闹。

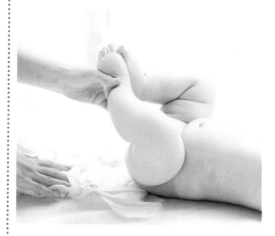

脱纸尿裤。把脏纸尿裤的前片拉下来，一只手抓住宝宝的两个脚踝，轻轻上抬，另一只手撤出脏的纸尿裤。

清洁。用婴儿湿巾、布或者纱布把宝宝前面擦干净。擦完之后，让宝宝的屁股自然晾干，或者用一块干净的布轻轻拍干。

穿纸尿裤。打开新的纸尿裤，一只手抓住宝宝的两个脚踝，轻轻往上抬，另一只手把有腰贴的半边放在宝宝的身下。后片的纸尿裤要插入腰部比较高的位置。将前片提起，用纸尿裤的中间部分把小屁屁包起来。

调整松紧。将包在宝宝肚皮上的纸尿裤前片用一只手固定好，注意不要弯折，把两侧搭带拉过来，左右对称地贴好。松紧度以肚皮和纸尿裤之间伸入一个指头感觉有一点点紧为宜。

亲密接触从抱宝宝开始

看着可爱的小宝宝，爸爸妈妈早已迫不及待地想要把他抱在怀中，好好爱抚他。然而小宝宝的身体过于柔软，四肢不安分，总是乱动，许多新手爸妈想抱宝宝却无从下手。不要着急，只要掌握了抱宝宝的技巧，就可以和宝宝亲密接触啦！

该怎么抱起宝宝

年轻的父母们要知道，新生儿还不能自我控制头部肌肉，因此在抱新生儿时，一定要照顾到宝宝身体的各个部位。

抱起仰卧的新生儿

宝宝仰卧在床，可以把一只手轻轻放在其背部及臀部的下面，另一只手轻轻放于宝宝头下。两只手同时用力，慢慢地抱起宝宝，使其身体有依靠，头不会往后下垂。抱起后，把头小心地转放到肘弯或肩膀上，使头部有依附。

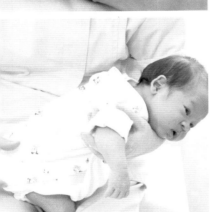

抱起俯卧的新生儿

宝宝在俯卧，要先把一只手轻轻放在其胸部下面，再把另一只手放在臀下，慢慢地抬高，使其面转向大人的身体。支撑宝宝头部的手向前滑动，直至宝宝的头舒适地躺在肘弯上，另一只手放在宝宝臀下及腿部。这样，宝宝就好像躺在摇篮里一样，感到舒适安全。

抱起侧卧的新生儿

宝宝侧卧在床上，抱起时，就要先把一只手轻轻放在宝宝头颈下方，另一只手放在宝宝臀下，把宝宝挽进手中，确保头不垂下来，慢慢地，让其靠近身体抱住，然后前臂轻轻地滑向宝宝的头下方，这样可使宝宝头靠在妈妈的肘部。

新生儿不宜久抱

新生儿每天的睡眠时间需要达到 20 个小时左右，才能保证身体的成长，而久抱新生儿会影响其睡眠质量，影响宝宝的生长发育和健康。所以在新生儿期间，除了喂奶、换尿布、拍嗝等特殊情况外，尽量不要过多抱宝宝。

教你轻松抱宝宝

小宝宝娇小、可爱，家人们总觉得爱不够、亲不够，不知不觉就要多抱抱他、亲亲他，但新生儿柔软、娇弱，新手爸妈往往不敢抱，其实只要爸爸妈妈抱的方法得当，对宝宝是不会有任何影响的。

抱宝宝之前，新手爸妈先用眼神或声音吸引宝宝，引起他的注意，以避免惊吓到宝宝，然后可以参照下面的方法将宝宝抱到自己怀中。

把手放在新生儿头下：把一只手轻轻地放到新生儿的头下，用手掌包住整个头部，注意要托住新生儿的颈部，支撑起他的头。

另一只手去抱屁股：稳定住头部后，再把另一只手伸到新生儿的屁股下面，包住新生儿的整个屁股，力量都集中在两个手腕上。

慢慢把新生儿的头支撑起来：托住新生儿的颈部，支撑起头部，以免他的头后仰，要用腰部和手部的力量配合，托起新生儿。

❓妈妈常问护理难题

怎样抱让宝宝更舒服

💗**No.1 抱新生儿要特别注意什么？** 新生儿的脑袋显得特别大，脖子又很软，没有力量。所以抱新生儿的时候一定要托好他的头部和颈部。

💗**No.2 宝宝没穿衣服时怎么抱？** 妈妈一手托起宝宝的头、颈部和脊柱，另一只手放到宝宝的屁股底下，用四根手指托住他，大拇指卡在腹股沟位置。这样即使有一点滑，宝宝也不会掉下去的。

💗**No.3 抱起宝宝后怎样放回床上？** 首先让宝宝的屁股落在床上，让他身体大部分重量落在床上，然后把他的头慢慢放低，最后把手慢慢从小屁股底下抽出来。

新生儿穿衣

宝宝穿着舒适的衣服，既不会限制自己的活动，又有利于皮肤的健康。新手爸妈在为宝宝选购、清洗、穿脱、储存衣服时要注意一些细节，以免贴身衣物对宝宝细嫩的皮肤造成伤害。

新生儿衣服的选择

安全：选择正规厂家生产的童装，上面有明确的商标、合格证、产品质量等级等标志。不要选择有金属、纽扣或小装饰的衣服，因为如果不够牢固的话，可能会被扯掉而造成危险。

舒适：纯棉衣物手感柔软，能更好地调节体温。注意衣服的腋下和裆部是否柔软，这是宝宝经常活动的关键部位，面料不好会让宝宝不舒服。要注意观察内衣的缝制方法，贴身的那面没有接头和线头的衣服是最适合新生儿的。

方便：前开衫的衣服比套头的方便，松紧带的裤子比系带子的方便，但要注意别太紧了。

如何清洗宝宝的衣服

彻底漂洗：洗净污渍，只是完成了洗涤程序的一半，接下来要用清水反复洗两三遍，直到水清为止。为了避免细菌交叉感染，宝宝的衣服最好用专门的盆单独手洗。

少用化学物质：如果一定要用清洁用品，就选用婴儿专用品。不要使用消毒液等消毒产品，因为它有很强的刺激性。肥皂刺激性较小，用来清洗婴儿贴身内衣最合适。

在阳光下暴晒：婴儿衣物漂洗干净后，最好用在太阳光下晒的办法除菌。如果碰到阴天，可以在晾到半干时，用电熨斗熨一下，熨斗的高温同样也能起到杀菌和消毒的作用。

> **TIPS**
> 新生宝宝衣物最好选择专门的地方储存，不要与爸爸妈妈的衣物放在一起，以免沾染细菌。

给宝宝戴手套防止抓伤？ YES or NO

宝宝出生后，指甲长得快，小手经常抓破自己的脸，新手爸妈心疼得不得了，为了避免宝宝抓伤自己，就给宝宝戴上了手套。但是建议不要给宝宝戴手套，因为宝宝小手的乱抓、不协调活动等探索是心理、行为能力发展的初级阶段，如果给宝宝戴上了手套，可能会妨碍其认知和手的动作能力发展。

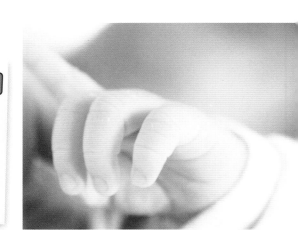

给宝宝穿衣轻松学

只要方法得当，给宝宝穿衣并不是一件复杂的事。一起来学习如何给宝宝穿上衣吧。

1. 先将洗净的衣服放在床上，铺平，让宝宝平躺在衣服上。

2. 将宝宝的一只胳膊轻轻抬起，先向上再向外侧伸入袖子中。动作要轻柔，以免伤到宝宝。

3. 再抬起宝宝另一只胳膊，使宝宝的肘关节稍稍弯曲，将小手伸向袖子中，将小手轻轻地拉出来。

4. 最后将衣服扣子扣好就可以了，注意不要扣得过紧，否则宝宝活动起来不方便。

正确看待宝宝的哭闹

面对宝宝的哭闹，新手爸妈经常手足无措。如果排除疾病因素，宝宝哭闹一会儿也是有好处的，啼哭是宝宝练习发声和呼吸配合的良好机会，可以为将来语言的发展打下基础。所以在宝宝吃好、喝好、睡好、无病、舒舒服服的状态下哭两声也无妨。

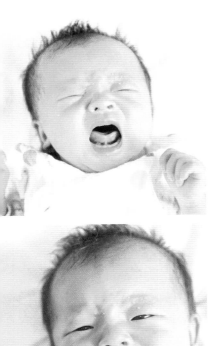

读懂宝宝的哭声

宝宝不会说话，只会用不同的哭声来表达自己的需求和不适，爸妈要细心地学会读懂宝宝的哭声：

饿了：当宝宝饥饿时，哭声很洪亮，哭时头来回活动，嘴不停地寻找，并做着吸吮的动作。只要一喂奶，哭声马上就停止。而且吃饱后会安静入睡或满足地四处张望。

病了：宝宝不停地哭闹，怎么哄也没有用。有时哭声尖而直，伴有发热、面色发青、呕吐等症状，或哭声微弱、精神萎靡、不吃奶，这些都表明宝宝生病了，要尽快送往医院就诊。

冷了：当宝宝感觉到冷时，哭声会减弱，并且面色苍白、手脚冰凉、身体紧缩。这时把宝宝抱在温暖的怀中或加盖衣被，宝宝觉得暖和了，就不再哭了。

热了：如果宝宝哭得满脸通红、满头是汗，一摸身上也是湿湿的，被窝很热或宝宝的衣服很厚，那么就减少铺盖或减衣服，宝宝就会慢慢停止啼哭。

尿湿了：宝宝本来睡得好好的，突然大哭起来，好像很委屈，可能是尿布湿了，换块干的，宝宝就变得安静了。

宝宝会用哭声表达不同的需求
新手爸妈要学会辨别宝宝不同的哭声，以便采取不同的措施。

6 个妙招安抚爱哭的宝宝

妙招一：吃小手。如果不确定宝宝为什么哭闹，可以把他的小手清洗干净，让他吃自己的小手。但一定要注意常给宝宝剪指甲，这样就不会让宝宝伤到自己。

妙招二：找到宝宝哭的原因。如果宝宝饿了，妈妈却与他玩游戏，他会更烦躁地大哭；如果宝宝尿了，妈妈却抱着哄睡，哭声也不会停止。所以妈妈一定要找到宝宝哭闹的原因，这样才能安抚宝宝。

妙招三：用襁褓把宝宝包起来。宝宝孕育在妈妈肚子里，早已习惯了被包裹的感觉，所以一旦被包裹起来，就会有安全感。当宝宝啼哭不止时，妈妈可以用干净、柔软的抱被把宝宝包裹起来，但手脚要包裹得比较松，避免束缚到宝宝。

妙招四：摇一摇，悠一悠。宝宝喜欢动，所以当宝宝哭闹时，可以让他躺在爸爸妈妈的臂弯中，轻轻地摇一摇，悠一悠，这样能帮助宝宝放松下来，同时又有催眠的作用。

妙招五：轻抚宝宝。当宝宝哭闹时，妈妈可轻抚宝宝的背部、头部或胸部。轻抚宝宝时，先从四肢开始，让宝宝慢慢适应，然后再做背部、头部、胸部的抚触。

轻轻抚摸宝宝：可以轻轻抚摸宝宝的四肢、背部或胸部，能让啼哭的宝宝安静下来。

将宝宝包起来：用软软的小被子将宝宝包起来会让宝宝很有安全感，可以减少哭闹。

❓ 妈妈常问护理难题

宝宝啼哭如何应对

💜 **No.1** 新生儿为什么干哭无泪？因为新生儿的泪腺所产生的液体量很少，仅能保证他眼球的湿润。而且宝宝刚出生时，其泪腺是部分或全部封闭的，要等到几个月以后才能完全打开。

💜 **No.2** 宝宝哭时口唇青紫正常吗？宝宝哭闹时会影响呼吸，从而导致体内血氧饱和度下降，所以会口唇青紫，是正常现象。

💜 **No.3** 宝宝怎么越哄越哭？有时宝宝吃喝拉撒睡都正常，但还是总哭，这可能是想用哭声发泄情绪。不妨让宝宝哭一会儿。如果异常哭闹时间太长，明显跟平时不同，且超过 2 小时，则需就诊。

护理好宝宝的小屁屁和私处

出生不久的小宝宝除了吃、喝、睡就是拉和尿了。宝宝每天要拉尿多次，护理好他的小屁屁十分必要。宝宝的私处十分娇嫩，也需要爸爸妈妈的精心护理。

你会给宝宝擦屁屁吗

给宝宝擦屁股看起来是一件小事，但如果不注意细节和方法，就会使宝宝的皮肤受到极大的损伤，甚至危害他们的健康。以下几招可以教妈妈们正确为宝宝擦屁股：

高招一：用儿童湿巾擦屁股。宝宝大小便后，有些爸爸妈妈为了图省事，用尿布顺便为宝宝擦擦屁股就了事。但这种做法不好，尿布经过宝宝的尿液和粪便的污染后布满细菌，用它擦拭宝宝的皮肤，不卫生。为宝宝擦屁股时，应用专用的儿童湿巾，既清洁又杀菌。

高招二：力度要适当。宝宝大便次数多，尤其是母乳喂养的宝宝，所以每天擦屁股的次数也多。如果爸爸妈妈为了帮宝宝擦干净而太用力，或者反复来回擦拭，受到"粗暴"对待的宝宝，会以"哇哇"大哭来抗议。有时宝宝肛门周围皮肤还会发红，好像破了皮一样。

为了避免上述情况的发生，爸爸妈妈在为宝宝擦屁股时，一定要掌握好力度。可以拿湿纸巾蘸着擦，不要来回擦拭。如果擦不干净，就用清水给宝宝洗洗屁股。

高招三：擦拭方法有讲究。为女宝宝擦屁股一定要由前往后擦，防止肛门内的细菌进入阴道；男宝宝睾丸下面要清洁到位，否则残留的污物会损伤皮肤。

高招四：擦净屁股后，一定要用温水清洗。清洗完后可让宝宝光着屁股玩会儿，或在太阳下晒晒小屁屁，这样更干爽。

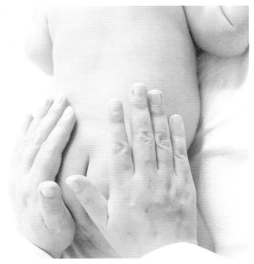

女宝宝外阴怎么护理

较之于男宝宝，女宝宝的外阴更需要妈妈细心护理，并且这个好习惯要一直坚持下去。

首先，每次给女宝宝换尿布时以及每次大小便后，最好都要仔细擦拭宝宝的外阴。用柔软、无屑的卫生纸巾擦拭她的尿道口及其周围。擦拭时，方向由前向后，以免不小心让粪便残渣进入宝宝阴部。

其次，给女宝宝清洗外阴时，最好每天用温水清洗两次。方法如下。

1. 用一块干净的纱布从中间向两边清洗宝宝的小阴唇，再从前往后清洗她的阴部。

2. 接下来清洗宝宝的肛门。尽量不要在清洗肛门后再擦洗宝宝的阴部，避免交叉感染。

3. 再把宝宝大腿根缝隙处清洗干净，这里的褶皱容易堆积汗液。

4. 最后，用干毛巾擦干。

清洗男宝宝生殖器注意事项

父母需要注意男宝宝外生殖器的日常护理，因为男宝宝的外生殖器皮肤组织很薄弱，几乎都是包茎，很容易发生炎症。

清洗时要先轻轻抬起宝宝的阴茎，用一块柔软的纱布轻柔地蘸洗根部。然后清洗宝宝的阴囊，这里褶皱多，较容易藏匿汗污。腹股沟的附近，也要着重擦拭。清洗宝宝的包皮时，用右手拇指和食指轻轻捏着宝宝阴茎的中段，朝他身体的方向轻柔地向后推包皮，然后在清水中轻轻地洗。向后推宝宝的包皮时，千万不要强力推拉，以免给宝宝带来不适。

清洗男宝宝外生殖器的水，温度应控制在40℃以内，以免烫伤宝宝娇嫩的皮肤。最理想的温度是接近宝宝体温的37℃左右。

另外，平时给男宝宝选择的纸尿裤和裤子要宽松，不要把会阴部包裹得太紧。

宝宝睡好觉

宝宝的睡眠就像给大脑及身体充电一样,在宝宝入睡的过程中大脑及身体都在生长发育。由于宝宝还无法很好地表达自己的感受,睡眠不足时就会变得容易发脾气和乖僻,所以新手爸妈要尽量让宝宝睡好觉。宝宝睡得足,才能长得快。

宝宝睡多久才正常

尽量少唤醒熟睡的宝宝:如果宝宝饿了、大便了,他自己会用哭声提醒爸爸妈妈,所以尽量少叫醒熟睡中的宝宝。

宝宝每天除了吃就是睡。其实,新生儿平均每天睡18~20小时是很正常的现象,爸爸妈妈不要担心宝宝睡觉太多对身体不好,更不要随意唤醒熟睡的宝宝。2~3个月的宝宝睡眠的时间会缩短到16~18小时,4~9个月缩短到15~16小时。随着年龄的增长和身体的发育,宝宝玩耍的时间会慢慢加长,所以睡眠的时间也开始慢慢缩短,到1岁时才能逐渐形成白天午休一次、晚上完整睡眠的基本生活规律。

营造一个优质的睡眠环境

宝宝安睡,妈妈省心,家人更放心。充足的睡眠时间和优质的睡眠质量,对促进宝宝的生长发育、智力发育和增加抗病能力都有帮助。要想宝宝睡得安稳,爸爸妈妈就要给宝宝营造一个优质的睡眠环境。

宝宝跟妈妈睡还是单独睡

宝宝可以跟妈妈同一个房间,但不要同床睡觉。宝宝跟妈妈一个房间,可以感受到妈妈熟悉的气息,会睡得安稳,而且如果宝宝出现饿了、哭闹等情况,妈妈也会及时知晓;不在同一张床上睡觉,是为了避免妈妈翻身等情况对宝宝造成伤害。

妈妈最好跟宝宝同房不同床
妈妈和宝宝都能睡得更好,可以保证宝宝得到及时的照看,也能避免同床可能造成的伤害。

新生儿不需要枕头

刚出生的宝宝一般不需要使用枕头，因为新生儿的脊柱是直的，平躺时，背部和后脑勺在同一平面上；侧卧时，头和身体也在同一平面上。平睡、侧睡都很自然。如果给宝宝垫枕头，反而造成了头颈的弯曲，影响了宝宝的呼吸和吞咽。

不宜抱睡

新生儿初到人间，需要父母的爱抚，但新生儿也需要培养良好的睡眠习惯。抱着宝宝睡觉，既会影响宝宝的睡眠质量，还会影响宝宝的新陈代谢。 另外，产后妈妈的身体也需要恢复，抱着宝宝睡觉，妈妈也得不到充分的睡眠和休息。所以，宝宝睡觉时，要尽量避免被抱着睡。

调整好宝宝的睡姿

睡眠质量与睡姿有关，但出生不久的宝宝还不能自己控制和调整睡姿，为了保证宝宝拥有良好的睡眠，父母可以帮助宝宝调整睡姿。

仰卧睡姿：这是最常见的一种睡眠姿势。这种姿势下，宝宝的头部可以自由转动，呼吸也比较通畅。

俯卧睡姿：这是国外，特别是欧美国家提倡的姿势。他们认为俯卧时肺功能比仰卧时要好。缺点是容易把口鼻堵住，影响呼吸功能，引起窒息。

侧卧睡姿：侧卧能使宝宝肌肉放松，提高睡眠的质量。同时右侧卧能避免心脏受压迫，还能改变咽喉软组织的位置，保证宝宝呼吸顺畅。

❓ 妈妈常问睡觉难题

怎样让宝宝睡得更好

💙**No.1** 宝宝打鼾怎么办？宝宝入睡后偶有微弱的鼾声，这种偶然的现象并非病态。如果宝宝每次入睡后鼾声都较大，应引起父母的重视，及时去看医生。

💙**No.2** 宝宝睡觉时家人需要蹑手蹑脚吗？宝宝在睡觉时，家人不必保持绝对安静，还是要保持正常的生活声音，只要适当减小音量就行。

💙**No.3** 宝宝白天不睡觉是异常表现吗？一些宝宝白天睡得比较少，但只要宝宝晚上睡得早，睡得时间长，活动能力很强，生长发育也正常，爸爸妈妈就不必为宝宝白天不睡觉感到焦虑了。

宝宝睡得好才能长得快

宝宝睡觉时间充裕，有利于身体的发育。不过对于大多数父母来说，宝宝睡眠或多或少都会出现一些问题，这或许是照顾不周，或许是因为疾病等引起的，父母应对睡梦中的宝宝加以观察，排除一切不利于宝宝睡眠的因素。

优质的睡眠是宝宝的生长源泉

足够的睡眠对宝宝来说非常重要，婴幼儿睡眠质量直接关系到其发育和认知能力的发展。科学睡眠习惯的建立，对宝宝的一生有重要意义。

促生长：人类在睡眠时体内会分泌生长激素，对于刚出生的宝宝而言，一天24小时都有生长激素分泌，所以新生儿多睡觉是好事。

提高智力：宝宝在熟睡之后，脑部血液流量明显增加，进而促进蛋白质的合成及宝宝智力的发育。而且宝宝睡得好，醒来时精神也会好。

提高免疫力：在宝宝的生长发育过程中，充足的睡眠有利于促进生长激素和其他激素的正常分泌，使得身体的免疫系统正常运行，让宝宝更健康。

从宝宝睡相看健康

正常情况下，宝宝睡眠时安静、舒坦，天热时头部微汗，呼吸均匀无声。如果宝宝患病，睡眠就会出现异常：

1. 烦躁啼哭，入睡后呼吸较平时明显增快，或者躁动不安难以入睡，四肢发凉有寒战表现，则需要警惕发热来临。

2. 入睡后翻来覆去，反复折腾，伴有口臭、腹部胀满，多是消化不良的缘故。

3. 睡眠时哭闹不停，时常用手抓耳朵，可能是湿疹或中耳炎。

4. 入睡后四肢抖动，"一惊一乍"，多半是白天过于疲劳或受了过强的刺激（如惊吓）所致。

> **TIPS**
>
> 宝宝翻身乱动，并不一定是醒了，这时妈妈在旁边轻轻拍拍，宝宝很快就又能睡着了。

宝宝经常昏昏沉沉正常吗？ YES or NO

宝宝在成长过程中，会莫名其妙地从早到晚昏昏欲睡，不爱吃也不爱动，其实，这是年幼期宝宝进行自我保护的有效手段，不要随意惊动他，让他安心睡就好。宝宝醒时要及时哺乳，不要饿着宝宝。

图说
育儿

读懂宝宝睡眠中的"小动作"

　　宝宝在睡觉时经常有一些"小动作"，你知道这是怎么回事吗？一起来了解一下吧。

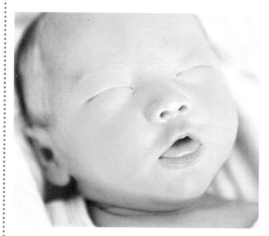

吐舌头。这是新生儿的一种正常现象，是由于新生儿刚刚离开母体对外界环境不适应造成的，吐舌的动作是无意识的。

张大嘴。宝宝睡觉时张大嘴或者用小嘴找奶吃，表明他处在浅睡眠的状态。在浅睡眠状态下，外界很小的刺激就会把宝宝吵醒。

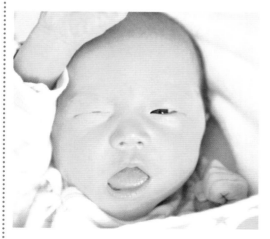

举小手。宝宝睡觉时，一有动静会吓得全身紧缩，或者将手举起。这种反应属于惊跳反射，是神经系统还没有发育完善的结果。

握拳头。由于新生儿大脑皮质发育尚不成熟，手部肌肉活动调节差，造成了屈手指的屈肌收缩，所以会紧握两个小拳头。

宝宝常见不适
及意外情况应对

每位爸妈都希望自己的宝宝健康成长，一旦宝宝出现某些不适症状，就会让父母昼夜担惊受怕。面对不舒服的宝宝，爸爸妈妈一定要放平心态，用心学会正确的护理。

黄疸

大多数新生儿都会出现黄疸，分为生理性黄疸和病理性黄疸。生理性黄疸一般会自己消退，病理性黄疸需进行治疗。

黄疸的类型

大部分足月儿在出生后 2~3 天便出现皮肤黄染，即"黄疸"，表现为颈部、面部、躯干、四肢轻度发黄，这种现象属于生理性黄疸。生理性黄疸会在两三周内消退。

病理性黄疸持续时间长，黄疸程度较重，除了面部、躯干、四肢外，手掌和脚掌也会变黄。病理性黄疸时轻时重，黄疸消退后会重新出现。一旦出现以上情况，

父母应及时带宝宝就医。患有病理性黄疸的宝宝还伴有不愿吃奶、吸吮力弱、精神不佳、呕吐腹泻、发热或体温低、大便颜色发白等现象。

宝宝患了黄疸怎么办

新生儿溶血症、新生儿感染、胆道畸形、新生儿肝炎等疾病是病理性黄疸最常见的原因。但不管是哪种疾病引起的，新手爸妈都要加强预防和治疗。

注意患儿皮肤、脐部及臀部的清洁，防止破损感染；注意观察宝宝的精神状态，如果除黄疸外，还伴有少哭、少动、少吃或体温不稳定等现象，要及时就医诊治。

适当在阳台上晒晒太阳
不宜直接晒太阳，适当在阳台上走动即可，有散射的太阳光就足够，避免为了退黄而刻意晒太阳，从而造成光照损伤。

脐炎

刚出生的前 2 周，宝宝的脐部还带有残端。在脐带自然脱落期间，一定要小心呵护，防止感染，如果处理不好，很容易引发新生儿脐炎。

脐炎的原因

宝宝出生后，脐带结扎后会剩下 2 厘米左右的脐带残端，一般在出生后 7~14 天脱落，脱落的时间因不同的结扎方法稍有差别。但在脐带脱落前，脐部易成为细菌繁殖的温床，导致发生新生儿脐炎。

如何防治宝宝脐炎

预防新生儿脐炎最重要的是做好断脐后的护理，保持新生儿腹部的清洁卫生。洗澡时避开脐部即可（比如贴防水贴），如果不慎沾水应及时进行消毒处理。

如果发现宝宝脐部炎症明显，有脓性分泌物，则应立即送宝宝到医院治疗。

不要将纸尿裤盖在脐部上方，保持脐部干燥，以免细菌滋生。

勤换尿布，防止尿液浸染脐带。如果脐部被尿湿，必须立即消毒。

如何应对宝宝的小症状

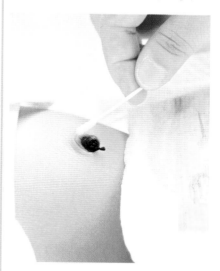

❤ No.1 脐带有分泌物怎么办？愈合中的脐带残端经常会渗出清亮或淡黄色黏稠的液体，这是正常现象。用干净棉签蘸 75% 的酒精轻轻擦干净，一般一天 1~2 次即可，2~3 天后脐窝就会干燥。

❤ No.2 脐带脱落后要撒消炎药粉吗？脐带脱落后切忌往脐部撒消炎药粉，以防引起感染。

❤ No.3 怎样使黄疸尽快退去？尽量让宝宝吃得好、睡得好、大小便拉得好，并且避免门窗紧闭，适当带宝宝在阳台上走动，有助于黄疸尽快消退。

眼白出血

新手爸妈看到宝宝眼白出血后，不要惊慌。头位顺产的新生儿，由于娩出的时候受到妈妈产道的挤压，导致视网膜和眼结膜发生少量出血，俗称"眼白出血"，这属于一种常见现象，一般几天后会自行吸收。

呼吸时快时慢

有时宝宝在睡梦中的呼吸会时快时慢，是不是出现了问题？

新生儿的呼吸运动比较浅，呼吸频率快，每分钟 40~50 次，而且呼吸不稳定，经常会出现一阵快速的呼吸，继而又变得缓慢，有时还有短暂的呼吸暂停，新爸爸新妈妈不用担心，这都是正常现象。这是因为宝宝在妈妈肚子里的时候基本用不着自己呼吸，但是出生以后就不一样了，宝宝要学着独立了。经过一段时间的调整，呼吸就会变得规律了。

"马牙"

新生儿之所以出现"马牙"，是因为胚胎发育 6 周时，口腔黏膜上皮细胞开始增厚形成牙板，这是牙齿发育最原始的组织。在牙板上细胞继续增生，每隔一段距离形成一个牙蕾并发育成牙胚，以便将来能够形成牙齿。当牙胚发育到一定阶段就会破碎、断裂并被推到牙床的表面，即我们俗称的"马牙"或"板牙"。

老辈人认为宝宝的"马牙"须用针挑破或用粗布擦破，这样做是很危险的。因为"马牙"系由上皮细胞堆积或分泌物堆积所致，于出生后数周至数月自行消失。再加上新生儿口腔黏膜非常娇嫩，黏膜下血管丰富，新生儿本身的抵抗力很弱，用针挑和用布擦，一旦损伤了口腔黏膜，就极易引起细菌感染，细菌从破损处侵入，引起炎症，严重的甚至发生败血症，危及宝宝生命。

新生儿的"马牙"属于正常的生理现象，不需要医治。新爸爸新妈妈不可以擅自用针挑破或用粗布擦破。

粟粒疹

有时新手爸妈可能会在新生儿的脸上、鼻子上或其他部位发现有小米粒似的疹子，这就是粟粒疹，是一些没有成熟的油脂腺体造成的，一般不需要特别治疗，也不要去擦拭它，不久就会自动消失的。另外，在新生儿的脖子、鼻梁、眼皮或其他部位可能会有小小的红色斑痣，这就是被称之为"天使之吻"的血管瘤，一般也无须治疗，大多数会在宝宝 2 岁前自动消退。

蒙古斑胎记

新妈妈看到刚出生的宝宝身上有胎记的时候，不免有点担心，不知道新生儿胎记对身体是否有影响。一般情况下，新生儿的腰骶部、臀部及背部等处可见大小不等、形状不规则、不高出表皮的大块青灰色"胎记"，这是由特殊的色素细胞沉积形成的。大多在 4 岁时就会慢慢消失，有时会稍迟，俗称蒙古斑。

"螳螂嘴"

新生儿哭的时候，常常可以看见口腔两边颊黏膜处较明显鼓起如药丸大小的东西，有人称其为"螳螂嘴"。这是新生儿正常的生理现象。因为在新生儿吮吸奶水时，口腔黏膜下脂肪组织的隆起会使口腔内的负压增大，帮助他有力地吮吸。这属于新生儿的正常生理现象，妈妈不用担心，也无须特殊处理。

旧习俗认为"螳螂嘴"妨碍新生儿吃奶，要把它割掉或用粗布擦拭掉。这种做法是非常不科学的。因为在新生儿时期，唾液腺的功能尚未发育成熟，口腔黏膜极为柔嫩，比较干燥，易于破损，加之口腔黏膜血管丰富，所以细菌极易由损伤的黏膜处侵入，发生感染。轻者局部出血或发生口腔炎，重者可引起败血症，危及新生儿的生命。

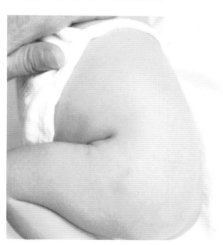

宝宝好性格、高情商培养

家庭是宝宝成长的沃土，父母是宝宝最好的启蒙老师和游戏伙伴。出生后的一个月是宝宝成长最迅速的时期，在这一个月里，新手爸妈可根据宝宝身体的实际状况，进行潜能开发，让宝宝在关键时期，得以茁壮快乐地成长。

妈妈是宝宝最亲近的人

当宝宝注视妈妈的时候，妈妈轻柔的话语、微笑的脸庞和温暖的气息会给宝宝带来贴心的安全感。宝宝精神状态良好时，妈妈轻轻地将脸靠近宝宝，面带微笑，用轻柔的话语慢慢地说："宝宝醒了，你看看是谁在看你呢？""宝宝，我是妈妈。""认识妈妈吗？"声音要柔和亲切，语调要富于变化。妈妈与宝宝说说话，不仅能增进亲子关系，还能让宝宝把妈妈的声音和形象联系起来。

回应宝宝的第 1 个微笑

微笑是宝宝送给爸爸妈妈最温馨的一件"礼物"。虽然这个时期宝宝的微笑还是无意识的，但它也许是宝宝快乐的"萌芽"，爸爸妈妈要用浓浓的爱来滋养它。妈妈摸摸宝宝的脸蛋，用快乐的声音说："宝宝，笑一笑。"当宝宝朝妈妈微笑时，妈妈也要用微笑回应，并夸奖宝宝："宝宝笑了，真棒！"不断重复这一游戏。

妈妈充满爱意地逗宝宝笑，可以促进宝宝大脑发育，还可以让宝宝觉得放松和舒服，变得开心和爱笑，为宝宝形成乐观开朗的性格打下基础。

逗笑时间不宜过长
如果宝宝被过多逗笑，很有可能造成瞬间缺氧，也容易导致呛奶等情况发生。

和宝宝说话

宝宝除了哇哇大哭，还喜欢用"啊、喔、嗯"等可爱的声音来表达自己或舒服或高兴的情绪。爸爸妈妈要积极地鼓励和回应宝宝的这种发音，让宝宝对"说话"始终保持浓厚的兴趣。

和宝宝说话可以测定并训练宝宝口唇的模仿能力，逐步引导宝宝回应性发音，这对促进宝宝语言能力的发展和提高情商很有益处。

爱的抚摸

宝宝出生后就需要爸爸妈妈的拥抱与抚触，宝宝可以从中获得满足感和舒适感，感受爸爸妈妈浓浓的爱意。抚触应在给宝宝两次喂奶之间、宝宝情绪良好的状态下进行。抚摸的动作应该轻柔，饱含爱意。给宝宝做抚触时，爸爸妈妈要面带笑容，并且不断轻柔地和宝宝说话。你会发现，宝宝很享受这个过程。

爱的抚触不仅可以刺激宝宝神经细胞的发育，还能让宝宝感受到爸爸妈妈的爱，在宝宝与爸爸妈妈之间建立更亲密的情感联系，有利于宝宝情商发育。

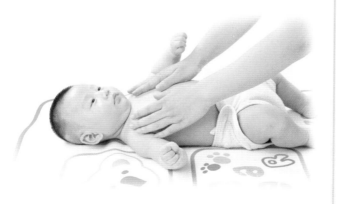

洗澡前后或换完尿布后进行抚触
洗澡前后或换完尿布后，宝宝情绪稳定时，爸爸妈妈一边和宝宝说话，一边抚触宝宝。

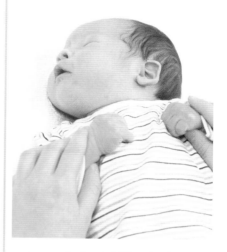

❓ 妈妈常问性格培养难题

怎样让宝宝性格好

♥No.1 宝宝不爱哭，太乖好吗？ 宝宝的要求得到满足了就不哭了，乖巧懂事的宝宝人人喜爱，但是让宝宝学会提要求也很重要，这有助于锻炼宝宝的独立性。

♥No.2 宝宝大哭大喊要制止吗？ 不要经常压制宝宝的情绪释放，让他有机会尽情地大笑、喊叫，过度的限制和抑制可能会使宝宝变"乖"，但同时也使宝宝丧失了激情与活力。

♥No.3 怎样和宝宝建立更好的亲子关系？ 尽可能母乳喂养；及时回应宝宝的情感需求；多与宝宝拥抱、亲吻、对视；营造和谐的家庭氛围。

第二章 1~3月

　　时间过得真快，宝宝已经满月了，比刚出生时胖了两三斤。脸不是刚出生时皱皱的模样了，现在变得圆润了许多。随着宝宝一天天地长大，他醒着的时间长了，可以醒着自己玩一会儿，也可以"啊啊呀呀"地发出更多声音和爸爸妈妈交流了。这段时间爸爸妈妈只要了解一些喂养护理细节，宝宝就会健健康康地成长。

五大能力让你知道宝宝能做什么

从满月到宝宝 3 个月，这是一个快速发育的成长期，不仅宝宝的个头在慢慢长大、体重在逐步增加，宝宝还会出现很多阶段性的能力和动作，如会抬头、观察周围的人或物等。下面我们就来看一看 1~3 个月的宝宝都掌握了哪些能力吧。

1~3 月宝宝成长概述

1~3 月的宝宝，不再是刚出生时的样子了，模样越来越漂亮。此时的宝宝还让父母捉摸不透，会莫名其妙地哭闹而让人烦躁不安。但当宝宝被逗弄时，他也会给你一个大大的笑容，也能发出"啊啊""咿呀"等声音，这是以后发展语言的基础。宝宝的头部能够跟随声音、光线转动，因此，妈妈不要给宝宝穿盖过多、过紧，让他自由活动，对发育大动作、认知能力有好处。

大运动

此时，宝宝的身体机能有了大幅度的提高，四肢也更有力，蹬腿的力度也更强，能够进行更多的动作。

❱ 俯卧时能抬起头片刻。

❱ 竖抱时，头可立住不晃。

❱ 躺着会摆动身体翻动。

精细运动

这一时期，宝宝会出现短暂的抓握反射，妈妈塞进手里的东西可以抓握一会儿。即使一会儿便会掉落，也依然代表着宝宝的精细运动能力在增强。

❱ 会仔细看自己的小手。

❱ 双手能握在一起放在胸前玩。

3个月宝宝会翻身了

宝宝躺着时常会不自觉地摆动身体，甚至可以翻过身来。

让宝宝的双手触摸更多 YES or NO

宝宝会经常注视自己的双手，并且玩得兴致盎然。可以在宝宝手够得着的地方吊一个彩色小球，拿着宝宝的手去拍打球，使球晃动，逗引他自己拍。经常拉拉宝宝的小手，他会握紧你的手指。吃奶时可以把宝宝的小手放在妈妈的乳房上或脸上，让他触摸。

语言交流能力

此阶段的宝宝还不会说话，但他已经开始用微笑和简短的发音与家人进行沟通。如果家人用玩具、语言逗他，他可以发出"咯咯"的笑声回应。

》会发"啊啊啊""哦哦哦"的声音。

》笑声也是宝宝与家人交流的语言。

认知能力

宝宝已具有一定的辨别方向的能力，听到声音后，头能顺着响声转动 180 度。

》妈妈到身边，宝宝能够短暂地露出高兴的表情。

》宝宝对鲜明的颜色表现出一定的兴趣。

社会适应能力

此阶段，宝宝学会用"微笑"谈话。有时宝宝会通过有目的的微笑与你进行"交谈"，模样非常机灵。

》能够通过家人的表情感受到情感。

》喜欢用微笑回应大人的话。

宝宝的喂养

宝宝每天都在快速发育，所需营养、喂养方式也会有所变化，妈妈们要了解宝宝的生长发育情况，适时补充营养，并在喂养方式上根据专家方案一一调整，这样更利于宝宝的顺利成长。

宝宝吃奶时间缩短了
宝宝的吸吮能力增强，吸入的乳量增加了，吃奶时间就缩短了。

宝宝喝奶需求进入平和期

如果母乳很充足，宝宝1~3个月这一时期，将是非常平和的时期。喂奶的次数将和母乳喂养婴儿的生理需求相适应而逐渐确定。食量小的婴儿，白天即使超过3小时也不饿，晚上不需要喂奶的宝宝在这一时期只是个例外，这样的宝宝晚上排便的次数也会相应减少。

如果母乳不足，可以在母乳分泌最少的时候（一般的妈妈是在下午4~6点），试加一次配方奶。

先喂母乳，再喂配方奶

混合喂养时，应每天按时母乳喂养，即先喂母乳，再喂配方奶，这样可以保持母乳分泌。但缺点是因母乳量少，宝宝吸吮时间长，易疲劳，可能没吃饱就睡着了，或者总是不停地哭闹，这样每次喂奶量就不易掌握。

如果宝宝吃了母乳后仍哭闹，可以补充配方奶，直到宝宝不再哭闹为止。宝宝吃母乳后睡着，当再次醒来哭闹要奶吃的时候，可以给他吃配方奶。宝宝吃配方奶的量的掌握标准是：宝宝吃完后，奶瓶中还有剩余少量奶液，这表示宝宝吃饱了。

母乳不足怎么办

宝宝吸吮越多，妈妈的奶水分泌得越多。妈妈奶水不足时，可在一天之内坚持喂宝宝12次以上。如果有条件，安排几天时间，一有机会就喂奶，这样奶水量会明显增多。多做乳房按摩也可以催乳。

喂完一边乳房，如果宝宝哭闹不停，不要急着喂奶粉，而是换另一边继续喂。一次喂奶可以让宝宝交替吸吮左右侧乳房数次。

没必要添加乳品以外的饮品
1~3个月宝宝的最好食物还是母乳或配方奶。

补维生素 D

　　婴幼儿体内维生素 D 缺乏，会导致维生素 D 缺乏性佝偻病。根据《中国居民膳食营养素参考摄入量（2013 版）》，0~12 月龄的宝宝维生素 D 适宜摄入量为每天 400 国际单位（10 微克）。由于母乳中维生素 D 含量极低，所以以纯母乳喂养的婴儿易缺乏维生素 D，尤其是在户外时间较少时。因此，预防佝偻病，除了适度晒太阳（6 个月内的婴儿应避免阳光直射），最好从出生后 2 周至 2 岁半常规补充维生素 D 制剂（中国的《维生素 D 缺乏性佝偻病防治建议》提出要摄入 400 国际单位的维生素 D 至 2 周岁）。

安全有效的催乳按摩

　　除了让宝宝勤吮吸、多吮吸之外，妈妈还可以用专业的按摩方法来催乳，能起到事半功倍的效果。

　　按照下面几个步骤来进行，可让妈妈成功催乳。

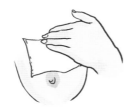

1. 先热敷乳房，可以用热水袋或热毛巾，热敷双侧乳房各 15 分钟。

2. 用手掌根部轻轻按摩，乳房的每个部位都要按摩到，有硬结的地方要重点按摩。

3. 用拇指、食指在乳晕边缘轻轻挤压，挤压时手要随时换方向，保证每个方向都要挤到。

❓妈妈常问喂养难题

如何应对哺乳中的意外情况

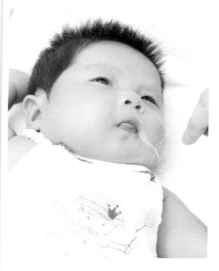

❤ No.1 宝宝经常呛奶怎么办？如果呛奶后宝宝呼吸很顺畅，就想办法让他再哭一下。仔细观察宝宝吸气及呼气动作，如果宝宝哭声洪亮、中气十足，一般没有问题，不必中断母乳喂养。

❤ No.2 老是漏奶怎么办？妈妈在漏奶时，用手指压住乳头轻揉，使喷乳反射得到缓解。如果效果不佳，可以用奶瓶承接，在合适时候喂给宝宝吃。

❤ No.3 一吃奶就睡着怎么办？喂奶时宝宝如果睡着了，可轻轻搔动他的耳朵或轻弹脚底，把宝宝弄醒，一定要吃饱了再睡，这样才容易培养吃奶习惯。

人工巧喂养，宝宝更茁壮

在使用奶瓶喂奶的过程中，要尊重个体差异，不能生搬硬套，完全按照书本上的推荐量来喂宝宝。每位妈妈要细心观察自己的宝宝，掌握适合自己宝宝的最佳奶量。

不要强迫宝宝全部吃完

宝宝每次的进食量会有所波动，偶尔剩下一些奶也不要紧，不要强迫宝宝全部吃完，也不要让宝宝含着奶嘴玩耍。一般情况下，每次喂奶在 15~20 分钟，看到宝宝吸吮速度明显放慢，就可以不再喂奶了。

不要用玩具逗弄宝宝

妈妈在用奶瓶喂宝宝的时候，除了要观察宝宝吃奶的情况，还应该轻声地和宝宝进行交流，"宝宝饿了吗？我们来吃奶吧""宝宝吃得真好"，等等。但是不要用玩具逗弄宝宝，这样会分散宝宝吃奶的注意力，不利于让宝宝日后养成专心吃饭的好习惯。

喂配方奶的注意事项

忌高温：宝宝的体温在 37℃ 左右，这也是配方奶中各种营养存在的适宜条件，宝宝的肠胃也好接受。

忌过浓过稀：配方奶浓度高可能会让宝宝发生腹泻、肠炎；浓度低可能会造成宝宝营养不良。

> **TIPS**
> 在将奶嘴放入宝宝嘴中时，务必保证奶嘴中充满奶水，以免宝宝吸入空气，加重吐奶现象。

忌污染变质：配方奶非常容易滋生细菌，冲调好的配方奶不能被高温煮沸消毒。所以，配制过程中一定要注意卫生。如果开罐后放置时间过长，很有可能会被污染。

如果宝宝对普通配方奶中的蛋白质过敏，可以选择不含蛋白质的水解配方奶粉，这是一种专为蛋白质过敏宝宝配制的奶粉。注意这种奶粉的更换一般要在医生的指导下进行，不建议自行随意调整。不太建议用豆奶代替配方奶，因为宝宝月龄小，不适合饮用豆奶。

喝配方奶的宝宝 "火气大" ? YES or NO

许多妈妈认为喝配方奶的宝宝 "火气大",这是指宝宝容易出现大便干燥或者眼睛分泌物过多的现象。人工喂养的宝宝大便干硬是因为牛奶中所含蛋白质要比母乳高出 1 倍左右。宝宝眼睛有分泌物,一方面是属于正常现象,另外一方面可能是有些 "小感冒" 导致鼻泪管堵塞,帮宝宝清洁干净就可以了。这都不是喝配方奶的缘故,所以喝配方奶的宝宝 "火气大" 这一说法是不科学的。

图说育儿

4 步教你正确清洗奶瓶

1. 给宝宝喂完奶后将奶瓶、奶瓶盖和奶嘴放在温水中浸泡一会儿,注意多放一些水,使浸泡更充分。

2. 用专用刷子仔细刷洗奶瓶内部,多刷几次,将奶渍彻底刷干净。

3. 用流动的水冲洗奶瓶,注意多冲洗奶瓶内部;奶嘴和奶瓶盖也要冲洗干净。

4. 将洗干净的奶瓶、奶瓶盖和奶嘴放入消毒锅中消毒。

宝宝哭泣不要马上喂奶

妈妈一看见宝宝大哭并表现出吃奶的样子，就会认为宝宝饿了，赶紧给宝宝喂奶，其实这种情况并不一定就是宝宝饿了，"纸尿裤不舒服了""热了""想让妈妈抱抱"等情况都可能是引起宝宝哭泣的原因。因此，妈妈要慢慢观察宝宝，学会判断宝宝的需求，确认确实是饿了，再给宝宝喂奶。

养成规律的吃奶时间

宝宝出生后的前 3 个月都要坚持按需哺乳的原则，只要宝宝想吃就可以喂。不过规律的作息和哺乳时间，对妈妈和宝宝都有好处，妈妈可以帮助宝宝慢慢养成规律的吃奶时间。尤其是起床和睡觉的时间固定后，养成规律的吃奶时间就是自然而然的一件事了。

宝宝拒绝吃奶怎么办

宝宝不像以前那么爱吃奶，有时甚至看见奶头就躲，这种情况多数是因为身体不适引起的。

宝宝用嘴呼吸，吃奶时吸两口就停，这种情况可能是由宝宝鼻塞引起的，应该为宝宝清除鼻内异物并认真观察宝宝的情况。

宝宝吃奶时，突然啼哭，害怕吸吮，可能是宝宝的口腔受到感染，吮奶时因触碰而引起了疼痛。

宝宝精神不振，出现不同程度的厌吮，可能是因为宝宝患了某种疾病，通常是消化道疾病，应尽快送医院诊治。

宝宝消化不良怎么办

消化不良的宝宝大便中有奶瓣，并有泡沫。如果宝宝出现消化不良的症状，母乳喂养的妈妈应先自检一下自己的饮食是否影响了宝宝，是否吃了过冷、辛辣、油腻的食物；人工喂养的妈妈应想一想，自己为宝宝冲泡奶粉时，是否是按照标准来冲泡的，或者是不是奶粉冲多了，为了不浪费，全喂给了宝宝。如果是因为上述情况引起的，妈妈要立即纠正。

部分研究表明，益生菌对调节宝宝胃肠功能有一定帮助，可以适当选用诸如双歧杆菌、乳酸杆菌等益生菌调理肠胃。

食欲好的宝宝要控制奶量

1~3 月的宝宝食欲是比较好的，喂奶量可以从原来的每次 120~150 毫升，增加到每次 150~180 毫升，甚至可达 200 毫升以上。但对于食欲好的宝宝，不能没有限制地添加奶量。每天吃 6 次的宝宝，每次喂 150 毫升，每天喂 5 次的宝宝则每次喂 180 毫升。

宝宝不吃配方奶怎么办

宝宝不吃配方奶，要循序渐进地让宝宝接受。首先要将宝宝的进食时间分为早、中、晚三个时间段。在中间的时段先进行尝试，这时的宝宝较容易接受，并且应适当延长喂奶时间，在宝宝饥饿感稍强时喂奶，以达到让宝宝逐步接受的目的。

几种易犯的错误喂奶方法

配方奶越浓越好

配方奶应严格按说明书进行配制，过浓会损害宝宝的健康。因为婴幼儿脏器娇嫩，承受不起过重的负担与压力，长期吃过浓的配方奶容易引起腹泻、便秘、食欲缺乏等。

加糖越多越好

过多的糖进入宝宝体内，会造成水分潴留，使肌肉和皮下组织变得松软无力。宝宝看起来很胖，但身体的抵抗力很差。

乳饮料代替配方奶

乳饮料通常含有色素、甜味剂、防腐剂等，如果长期食用，可能对宝宝的健康造成不良影响。家长最好不要让宝宝饮用乳饮料。

配方奶服药一举两得

如果宝宝一定要服用药物，能单独服用最好；如果无法单独服用，一定要跟配方奶粉混合宝宝才肯服用的情况下，查阅说明书，如无禁忌症，也可以混合口服。

用酸奶喂养宝宝

酸奶中的蛋白质分子较大，不利于宝宝消化吸收，同时也破坏了有益的正常菌群的生长条件，还会影响正常的消化功能。

在配方奶中添加米汤、稀饭

米汤和稀饭主要以淀粉为主，其中的成分可能会破坏配方奶中的维生素 A。如果宝宝摄取维生素 A 不足，会发育迟缓、体弱多病。

宝宝护理要点

1~3 个月的宝宝活泼、可爱，身上肉肉的，爸爸妈妈真是爱不释手。可是在照护宝宝的过程中，爸爸妈妈还会遇到许多问题，一定要用科学的方法对待，或在第一时间寻求医生的帮助。

宝宝满月需要剃头吗

过去的习俗是宝宝满月后要剪头发、剃胎毛，认为剃"满月头"会使宝宝的头发变得更黑、更浓密。

从医学角度讲，剃胎毛对刚出生的婴儿来说并不合适。另外，理发工具消毒不到位，加之婴儿皮肤娇嫩、抵抗力弱，如果操作不慎，极易损伤头皮，引发感染。如果细菌侵入头发根部破坏了毛囊，不但头发长得不好，反而会弄巧成拙，导致脱发。因此"满月头"还是不剃的好。

不同情况下抱宝宝的姿势

1~3 个月的宝宝活动量变大，舒适的抱姿会让宝宝感觉舒服，不同情况下的抱姿也应当有所不同，如宝宝吃奶后，应当竖抱起来，让他的头靠在妈妈的肩上，这样利于排出吃奶时吸进的空气；哺喂时，应当采用摇篮式抱姿，让宝宝的头枕在妈妈的臂弯里，手托住宝宝的大腿外侧，给他安全、温暖的感觉；洗头时，可以采用橄榄球式抱姿，用胳膊和身体夹住宝宝的腿，手托住宝宝颈部，这样容易固定住宝宝；宝宝烦躁时，可以采用"腹痛"式抱姿，利于安抚情绪。下图以爸爸抱宝宝的姿势为例，展示不同情况下抱宝宝的姿势。

竖抱抱姿

摇篮式抱姿

橄榄球式抱姿

"腹痛"式抱姿

防止宝宝斜眼看人

爸爸妈妈喜欢在宝宝的床栏中间系一根绳，将一些颜色鲜艳、可爱有声的玩具挂在上面，逗引宝宝追着看。如果经常这样做，就会使宝宝的眼睛较长时间地向中间旋转，有可能发展成内斜视，俗称"斗鸡眼"。正确的方法是，把玩具悬挂在围栏的周围，并经常更换玩具的位置。挂玩具不要挂得太近，以免使宝宝看得很累，最好常抱宝宝到窗前或户外，看远处的东西。

正确地给宝宝护肤

宝宝皮肤薄嫩，水分容易丢失，如果护理不好，就会遭遇干燥、起皱的困扰。因此，给宝宝皮肤的护理应做到清洁、保湿和防护。

洗脸：清水是最好的清洁剂。建议每天洗1~2 次脸就够了，水温不要过高，洗脸后及时为宝宝涂上护肤霜。

洗澡：宝宝冬季每周洗 1~2 次；夏季每天洗1~2 次。洗澡时要将沐浴露清洗干净，特别注意擦干皮肤后，一定要给宝宝全身用婴儿护肤霜进行皮肤护理。

不洗澡的日子里，也要每天给宝宝全身用婴儿专用护肤霜进行涂抹，使宝宝皮肤处于保湿状态（尤其对于患有湿疹的宝宝特别重要）。带宝宝外出前也要给他面部涂上婴儿专用护肤霜。

护肤品要温和滋润

宝宝皮肤娇嫩，而牛奶蛋白、天然植物油或植物提取液制成的婴儿专用护肤品，温和滋润，能有效保护宝宝肌肤。给宝宝涂抹了护肤品后，妈妈一定要留意观察宝宝皮肤有无异常变化，如有异常，应立即停止使用。

❓ 妈妈常问护理难题

攻克护理难题，宝宝更茁壮

💗 **No.1** 宝宝多大可以竖抱？当宝宝能主动稳住自己的头部后，妈妈就可以试着竖抱他了。这个时间一般在 80 天到 3 个月。但这时妈妈也不能一手竖抱，要两只手配合，把宝宝的身体稳住，以免"前仰后合"。

💗 **No.2** 宝宝指甲上没月牙怎么办？宝宝在发育之前，指甲上是没有月牙的，所以爸爸妈妈不必惊慌，等到孩子生长发育到一定阶段，月牙自然就会长出来。

💗 **No.3** 宝宝的胎记会自己消退吗？一般来说胎记会随着宝宝的成长慢慢淡化，无须处理。如果有特殊胎记，最好到医院请教医生。

精心护理宝宝，不放过每一个细节

1~3个月的宝宝较新生儿护理起来容易些了，但日常生活中还有一些需要特别注意的护理细节。新手爸妈要随着宝宝的成长，掌握一些护理方法。

宝宝头顶的"胎垢"怎样去除

宝宝出生后，头顶前囟门部位会有一层厚薄不匀、油腻、棕黄或灰黄色的痂，称为"胎垢"。一般情况下，如果每天给宝宝洗澡、洗头，胎垢会洗掉。如果清洗不及时，形成较厚的胎垢，可以在洗澡前半小时，在有胎垢的地方轻轻擦拭橄榄油或婴儿润肤油。经过滋润，可使胎垢软化，洗澡时用婴儿洗发液将宝宝头部清洗干净即可。每天洗澡时都如此清洗，几天后胎垢就没有了。要注意的是，新手爸妈千万不可用手撕或抠胎垢，以免损伤宝宝头皮。

宝宝小手凉，是不是穿少了

许多妈妈一摸宝宝的小手凉凉的，就以为是衣服穿少了。其实多数宝宝在穿着得当、冷热适中的时候，手总是有点凉

的。妈妈可以看宝宝的脸色，当他们感到冷的时候，脸色就不会很红润，而且还会哭闹。如果是男宝宝，还可以从阴囊的收放来判断。如果穿得少，宝宝感觉冷时阴囊小而硬，形状像小乒乓球；如果穿得多，宝宝感觉热时阴囊大而扁，小睾丸清晰可见。

及时擦拭宝宝的口水

刚出生的宝宝，由于中枢神经系统和唾液腺的功能尚未发育成熟，因此唾液很少。宝宝3个月时唾液分泌量渐增，会流口水，这是正常的生理现象。由于唾液偏酸性，里面含有消化酶和其他物质，因口腔内有黏膜保护，不致侵犯到深层。但当口水外流到皮肤时，则易腐蚀皮肤最外面的角质层，导致皮肤发炎，引发湿疹等小儿皮肤病。所以宝宝流口水时妈妈要注意护理，随时为宝宝擦去口水。

> **TIPS**
> 流口水并不代表要长牙了，一般情况下至少要再过2周，宝宝才会长出牙齿。

睡觉也要戴围嘴？　YES or NO

很多爸妈从现在开始总让宝宝戴着一个围嘴，来接住宝宝流出来的口水。不过要特别注意的是，宝宝睡觉时一定要记得把围嘴解下来，如果宝宝小手乱动，或是翻身压住了围嘴，就有可能不小心勒住了自己，引发意外。

你会给宝宝剪指甲吗?

宝宝指甲长得特别快,如果不及时剪短,很容易藏污纳垢,影响宝宝健康。一起来学习怎样为宝宝剪指甲吧!

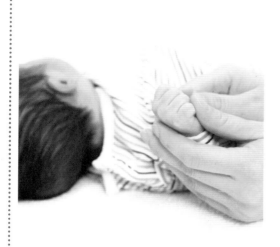

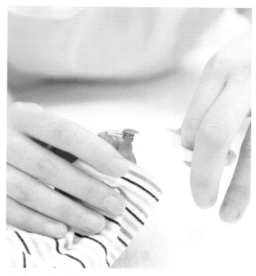

1. 让宝宝平躺在床上,妈妈握住宝宝的小手,最好能同方向、同角度。

2. 分开宝宝的五指,重点捏住一个指头剪。

3. 先剪中间,再剪两头,避免把边角剪得过深。

4. 用自己的手指沿宝宝的小指甲摸一圈,发现尖角及时剪除。

宝宝拉尿那些事儿

宝宝的吃喝很重要，拉撒一样重要。宝宝的尿液和便便里面也是有"大乾坤"的，通常可以根据大小便的颜色、气味和性状来判断宝宝的身体健康状态。如果宝宝大小便有异样了，就需要及时调理和治疗。

宝宝尿液发白正常吗？

正常的尿液是无色或淡黄色透明的。如果宝宝出现尿白，如淘米水样、石灰水样或牛奶样白色混浊的尿液，一定要及时就医查找原因。临床上常见的尿白有以下2种情况：

1. 结晶尿。尿色白，像石灰水样，常在尿的最后出现。尿白者尿道略有不适，偶然有肾绞痛发生。结晶尿不是疾病，平时只要注意让宝宝多喝水，保持足够的尿量，就不会出现。

2. 脓尿。尿色白，像淘米水一样。可能是因为发烧或尿路感染引起的，应带宝宝到医院做进一步检查，确定病因后进行针对性的治疗。

问题便便长啥样

大便量少，次数多，呈黏液状，往往是因为喂养不足。要适当多给宝宝喂一些奶。

大便中有大量泡沫，呈深棕色水样，带有明显酸味，说明宝宝摄入过多淀粉类食物，引起消化不良。

大便有臭鸡蛋味，提示宝宝蛋白质摄入过量，或蛋白质消化不良。

宝宝便秘怎么办

宝宝便秘原因很多，比如奶量摄入过多，膳食纤维摄入太少，没有适当运动，都有可能导致便秘。其实，大部分宝宝可能都不是真正的便秘，而是有些"攒肚"的情况。只要排便不困难，而且大便也不

硬，宝宝精神好，体重也增加，这种情况就不是生病，即便是 2~5 天才拉一次大便，也是正常的；如果每次排便时非常用力，并在排便后可能出现便血，则应及时处理，到医院就诊。

怎样预防红屁股

红屁股是宝宝护理中最常见的问题，新手爸妈要护理好宝宝臀部。宝宝大便后，及时用清水冲洗臀部；使用透气性能好的尿布或纸尿裤；新手爸妈还要掌握宝宝的排便规律，及时更换尿布。一旦发现红屁股，每次为宝宝冲洗臀部后，应用护臀膏涂抹。

毛巾：准备两到三条软毛巾，最好是纱布的。每次用完，要洗净、晒干。

小盆：给小宝宝准备干净的、专用的洗屁股的小盆。要专盆专用。

爽身粉：给宝宝洗完，擦干后，在宝宝的大腿、小屁屁部位涂上爽身粉。

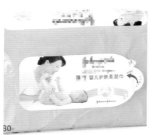

湿纸巾：外出或者宝宝大便后不方便洗时，可以用湿纸巾擦一擦。

？妈妈常问护理难题

宝宝拉尿要留心

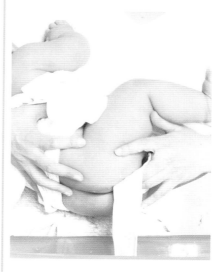

❤No.1 宝宝大便后一定要洗屁屁吗？ 宝宝大便后最好能清洗小屁屁，但如果条件所限，比如天气太冷或者出门在外时，可以用湿纸巾或小毛巾擦拭干净。但最好保证每天临睡前清洗一次。

❤No.2 宝宝排便用力是不是便秘了？ 宝宝大便时十分用力是因为神经系统发育还不健全，对各种肌肉群的调节和控制还不准确，往往是一处用力而引起全身用力。

❤No.3 宝宝老放屁是怎么回事？ 宝宝总放屁是正常现象，等到消化系统成熟后，放屁的频率就会降低，声音也就不会那么大了。

给宝宝洗澡

对于新手爸妈来说，给宝宝洗澡真是个大工程。在宝宝还不会坐、脑袋不能挺立的时候，有时甚至需要两三个人的帮忙才能为宝宝洗好澡。随着宝宝逐渐长大，他会变得不爱洗澡，从开始到结束，一直哭闹不休，这时需要用一些小玩具、小道具来让宝宝爱上洗澡。不过，新手爸妈只要掌握为宝宝洗澡的要领，就一定能照护好宝宝。

做好准备工作

1. 确认宝宝不会饿或暂时不会大小便，且吃过奶 1 小时以后再开始洗澡。

2. 如果是冬天，开足暖气；如果是夏天，关上空调或电扇。室温在 26 ~28 ℃ 为宜。

3. 准备好洗澡盆、洗脸毛巾两三条、浴巾、婴儿洗发液和要更换的衣服等。

4. 清洗洗澡盆，先倒凉水，再倒热水，用你的肘弯内侧试温度，感觉不冷不热最好。如果用水温计，37~38℃ 最好。

洗澡时的注意事项

要用清水冲洗，不要用肥皂。

一定要事先调好水温、水深，洗澡中途也绝对不可以让宝宝独自在浴盆中。

洗澡时间以 5~10 分钟为宜。夏天每天一次，冬天可以根据情况适当延长周期。不过，还是建议新生儿在冬季也要经常洗澡，以便及时发现皮肤问题。

开始给宝宝洗澡时，因为不熟练，一个人会有些手忙脚乱，妈妈应该让爸爸或其他家人来协助，慢慢就会很熟练了。

给宝宝洗澡时，要防止水进入到宝宝眼睛里。另外，给宝宝洗过澡做完抚触后，可以给宝宝喂点奶，补充热量和水分。

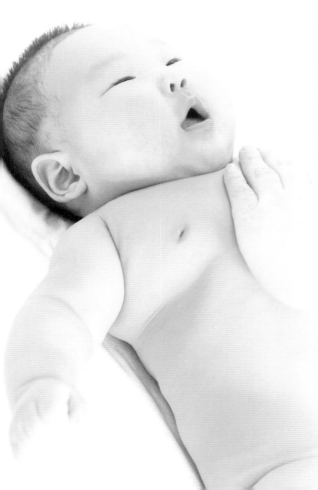

图说育儿

手把手教你给宝宝洗澡

给宝宝脱去衣服，用浴巾把宝宝包裹起来。

宝宝仰卧，妈妈用左肘部托住宝宝的屁股，右手托住宝宝的头。拇指和中指分别按住宝宝的两只耳朵并贴到脸上，以防进水。

先清洗脸部。用小毛巾蘸水，轻拭宝宝的脸颊，由内而外清洗，再由眉心向两侧轻擦前额。

接下来清洗头。先用水将宝宝的头发弄湿，然后倒少量的婴儿洗发液在手心，搓出泡沫后，轻柔地在头上揉洗。

洗净头后，再分别洗颈下、腋下、前胸、后背、双臂和手。由于这些部位十分娇嫩，清洗时注意动作要轻。

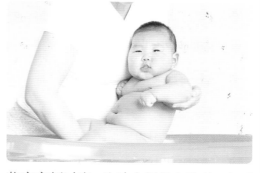

将宝宝倒过来，头贴在妈妈左胸前，左手托住宝宝的上半身，右手用浸水的毛巾先洗会阴、腹股沟及臀部，最后洗腿和脚。

宝宝睡好觉

睡眠对每个人来说都非常重要，尤其是宝宝。因此，作为新手爸妈，需要多多留意宝宝的睡眠情况，让宝宝睡得好。

不要用被子包住宝宝手脚：把宝宝的手脚包裹在被子里，不能碰触周围物体，不利于触觉的发展。

宝宝睡觉不宜穿太多衣服

宝宝睡觉可能会蹬被，很多新手爸妈担心宝宝睡觉着凉，常会让宝宝穿很多衣服睡，这种做法对宝宝并不好。宝宝代谢较快，易出汗，睡觉时被内温度高、湿度大，容易诱发"捂热综合征"，影响宝宝的睡眠质量，甚至发生虚脱。

宝宝睡觉时可穿薄一些的贴身内衣，如果室内温度较高，甚至可以不穿衣服，只要包好纸尿裤就好。若担心宝宝夜晚睡觉蹬被，可以为宝宝准备一个睡袋。睡袋既可以给宝宝提供一个舒适的睡眠环境，保暖性好，又不会被宝宝蹬开。给宝宝使用睡袋，妈妈省心，宝宝也能更健康。

一放下就醒怎么办

一开始时，妈妈就不要抱着宝宝睡觉，如果宝宝已经习惯了让妈妈抱着睡，从现在开始马上纠正还来得及。妈妈不必小心翼翼、轻手轻脚地把宝宝往床上放，大胆地把宝宝放下，开始时他一定会哭闹着抗拒，让他发一会儿脾气，妈妈可以躺在一边轻拍宝宝。当宝宝睡着后，在他身边放两个枕头，紧挨着他，让他以为是妈妈在身边，这样宝宝睡的时间就能长一点。宝宝平时哭闹时，也要延迟抱起他的时间。

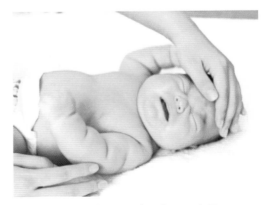

不要一哭就抱：宝宝在睡眠中哭泣，不要立即抱起他，可以适当轻拍，使其再次入睡。

宝宝半夜醒来玩怎么办

如果宝宝半夜醒来，可能是饿了，或尿了，喂完奶，换过尿布后，宝宝又会呼呼大睡。但是有的宝宝却在喂奶或换过尿布后清醒了，躺在床上能玩一两个小时，没人哄逗还会大哭，这让妈妈们很头疼。如果宝宝出现过一次这样的情况，妈妈们要及时纠正，下次晚上喂奶时，不要开灯，不要哄逗宝宝，喂完奶或换完尿布就把宝宝放下，以免他形成夜间玩耍的习惯。

不要轻视午后的小睡

午睡有助于改善宝宝睡眠，增强免疫力。宝宝的大脑发育尚未成熟，半天的活动使身心处于疲劳状态，午睡将使宝宝得到最大限度的放松，使脑部的缺血、缺氧状态得到改善，让宝宝睡醒后精神振奋，反应灵敏。在睡眠过程中还会分泌生长激素，因此，爱睡的宝宝长得快。

不要让宝宝睡在大人中间

许多年轻父母在睡觉时总喜欢把宝宝放在中间，这样做对宝宝的健康是不利的。在人体中，脑组织的耗氧量非常大。一般情况下，宝宝越小，脑耗氧量占全身耗氧量的比例也越大。宝宝睡在大人中间，就会使宝宝处于极度缺氧而二氧化碳浓度较高的环境里，使婴幼儿出现睡觉不稳、做噩梦及半夜哭闹等现象，直接妨碍宝宝的正常生长发育。

？妈妈常问睡觉难题

宝宝睡觉时的表现正常吗

♥ No.1 宝宝睡觉时有怪相正常吗？宝宝睡觉时有时脸上表情丰富，这种情况说明宝宝是在做梦。

♥ No.2 宝宝睡觉翻来覆去是醒了吗？宝宝翻身乱动，并不一定是醒了，可能处于浅睡眠状态，这时妈妈在旁边轻轻拍拍，宝宝很快就又能睡着了。

♥ No.3 宝宝晚上出汗怎么办？宝宝睡觉出汗要检查一下是不是被子盖得太厚了或衣服穿得太多了。出汗较多记得及时擦干，避免病菌对皮肤的侵袭。如果盗汗太明显，必要时及时就诊。

宝宝夜啼别发愁

宝宝晚上睡觉时，常常会突然出现间歇性的哭闹或抽泣，有时尽管妈妈极力安抚也无济于事。睡眠对于宝宝大脑的发育和身体的生长发育具有重要意义，经常夜啼会影响宝宝的睡眠质量，爸爸妈妈要学会应对。

夜啼原因

环境因素：睡眠的环境太嘈杂、太闷热；床铺不合适，有东西硌到或扎到宝宝；穿的衣服、盖的被子过多或过少亦可引起夜啼。

自身原因：疾病影响，如感冒、肺炎、咽喉炎、肠胃炎、贫血等；因为上火引起的积食、消化不良、情绪焦躁等；缺钙或佝偻病；饥饿或憋尿、鼻塞、患了蛲虫病等都会引起夜啼。

照顾不当：睡眠时间安排不当，有些宝宝白天睡得多，夜里精神足，昼夜颠倒引起夜啼；睡前逗笑，使其情绪突然亢奋，晚上无法入睡，进而哭闹。

宝宝睡觉时一哭就要抱？ YES or NO

有些宝宝在睡梦中会哭起来，这种情况不要抱。妈妈可以靠近宝宝，用手轻轻抚摸宝宝的头部，由头顶向前额方向，一边抚摸一边发出"哦哦"声；或者将宝宝的单侧或双侧手臂按在胸前，使宝宝产生安全感，就会很快入睡。

TIPS

非病理性夜啼，爸爸妈妈要过去看看宝宝，但别着急跟他说话，也不要强行把他弄醒。

受到惊吓：宝宝受到惊吓后，晚上常会从睡梦中惊醒并啼哭，并伴有恐惧的表现。

宝宝撒娇：有些宝宝哭闹是需要妈妈的爱抚，用哭来吸引父母的注意力，向父母撒娇。

应对宝宝夜啼的方法

保持室内环境清洁卫生，保证宝宝床铺整洁舒适无异物，被子保暖、舒适。

尽量母乳喂养，调整喂养次数，避免宝宝上火、积食或消化不良。

帮助宝宝建立良好的睡眠习惯，避免睡前过度逗引或惊吓宝宝。如果宝宝是因为受到惊吓而半夜啼哭，父母要想方设法安慰宝宝，告诉宝宝没什么可害怕的，并暂时不要让宝宝直接接触使他害怕的物体或人，慢慢地，宝宝就会睡安稳觉了。

勤锻炼，增强宝宝体质，避免缺钙和佝偻病的发生。

对于撒娇的宝宝要给予足够的爱抚，并尽量延长白天和宝宝共处的时间。

图说育儿

让宝宝乖乖入睡的窍门

宝宝晚上很兴奋，迟迟不肯入睡该怎么办呢？

宝宝白天尽情玩耍后，晚上睡得更快更香甜。

白天任其尽情玩耍。 白天宝宝尽情玩耍，心情又好又疲惫，晚上躺下之后很快就能进入梦乡。

将床上的玩具清理干净。 睡觉前，将床上的玩具等会吸引宝宝注意力的东西都拿走，包括手纸、手帕之类宝宝能够抓在手里玩耍的物品。

睡前按摩有助于宝宝较快进入睡眠状态。

睡前帮宝宝轻柔按摩。 妈妈对宝宝背部及四肢进行轻轻拍打按摩时，可以增加与宝宝间的亲密感，还能让宝宝放松身体，即刻进入睡眠状态。

让宝宝听钟表的声音。 有规律的节拍声能令宝宝有听到妈妈心脏跳动般的感觉，带给宝宝安全感。

宝宝常见不适
及意外情况应对

1~3个月的宝宝有时也会出现这样或那样的问题，如果爸爸妈妈护理得当，不用打针吃药，宝宝就能更快恢复正常。

多汗

宝宝经常乱动，出汗较多是正常现象，但如果宝宝出汗过多，甚至弄湿衣服，就要去医院检查，看看宝宝是不是生病了，是否要治疗。

宝宝多汗的原因和症状

大多数时候宝宝多汗是正常的，也叫"生理性多汗"，如夏天炎热时、活动时。但是如果安静时或者不是夏天一入睡后就多汗，甚至弄湿枕头、衣服，可能与疾病有关，这就是"病理性出汗"。除了因体质虚弱而出汗过多外，结核病、佝偻病、甲亢以及内分泌、传染性的疾病等都会引起多汗，此外宝宝过度兴奋、恐惧等精神因素也会造成出汗过多。

多汗的护理

1. 多汗的宝宝由于体内水分丧失较多，因此平时要注意给宝宝及时喝水避免体内缺水。

2. 经常给宝宝洗澡、换衣，注意保持皮肤的清洁卫生。

3. 如果发现宝宝消瘦、食欲异常、低烧、干咳等，就必须到医院检查。

"攒肚儿"

一直大便很稀、便次很多的宝宝，慢慢变成每天大便 1 次，继而 2~3 天才拉 1 次大便，甚至四五天、七八天都不大便，小肚子鼓鼓的，还总爱放屁，可能是宝宝"攒肚儿"了。

"攒肚儿"的原因

两三个月后，有些母乳喂养的宝宝都会"攒肚儿"。宝宝满月后，对母乳的消化、吸收能力逐渐提高，每天产生的食物残渣很少，不足以刺激直肠形成排便，最终导致了这种现象。只要宝宝肚子不胀，每次大便都不硬，排便也不困难，一般就是正常的，妈妈不必过于担心。

"攒肚儿"的调整小运动

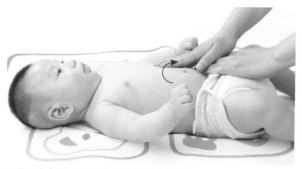

1. 用手指轻轻摩擦宝宝的腹部，以肚脐为中心，由左向右旋转摩擦，按摩 10 次休息 5 分钟，再按摩 10 次，反复进行 3 次。

2. 宝宝仰卧，抓住宝宝双腿做屈伸运动，即伸一下屈一下，共 10 次，然后单腿屈伸 10 次。

❓妈妈常问疾病难题

如何应对宝宝的不适症状

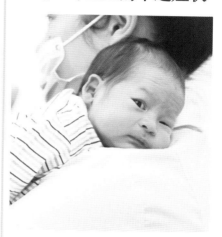

💗 No.1 宝宝为什么老打嗝？宝宝打嗝是一种常见的现象。宝宝打嗝时，妈妈抱起宝宝，轻轻拍背，可以试着喂一点温开水。当打嗝让宝宝很痛苦时，可以用食指尖在宝宝的嘴边或耳边轻轻挠痒，一般到宝宝能发出哭声时，打嗝即会消失。

💗 No.2 舌苔黄厚或白厚是病吗？如果宝宝吃奶好、大便正常，舌苔厚一点也没关系；如果宝宝患有某些疾病引起舌苔增厚，则需要在医生指导下治疗。

💗 No.3 宝宝便秘可以用蜂蜜调理吗？1 岁以下的宝宝不建议用蜂蜜调理，因为蜂蜜中可能存在着肉毒杆菌芽孢。宝宝抵抗力差，食用后易引起食物中毒。

流鼻涕、鼻塞

宝宝的鼻黏膜很脆弱，即使是细微的刺激，也会导致流鼻涕。而且由于鼻腔很窄，就会很容易堵住鼻孔，宝宝会感到很不舒服，妈妈遇到这种情形应该怎么护理呢?

流鼻涕的症状要仔细观察

如果宝宝出现流鼻涕或鼻塞的症状，要仔细辨别情形。如果宝宝没有食欲，连续几天流黄色的鼻涕，或清水鼻涕，并出现发热、咳嗽、含痰、看起来难受、心情差等情况，就应带宝宝去医院接受治疗；如果宝宝有食欲，精神状态很好，除了流鼻涕、鼻塞之外，没有其他特别的症状，喝的母乳和配方奶像平常一样多，就不必着急带宝宝去医院。

TIPS

宝宝鼻塞时，妈妈可用生理盐水喷雾清洁鼻腔，等鼻腔内干痂湿润后，尝试帮宝宝清洁掉。

流鼻涕的原因多种多样

遇到早晚气温变化大、室内空气干燥、睡觉前大哭等情况，宝宝比较容易流鼻涕。除了这些情况之外，还有可能是由于细菌或病毒感染，引起宝宝鼻黏膜发炎。这种情况下，宝宝的鼻涕颜色发白或者发黄，有时还会发绿。如果宝宝体质弱，还容易对灰尘、真菌等过敏，流出像清水一样的鼻涕。

流鼻涕、鼻塞时如何护理

宝宝还不会给自己擤鼻涕，妈妈可用吸鼻器来帮忙清理，不过动作要轻柔，以免损伤宝宝娇嫩的鼻黏膜。如果宝宝鼻塞了，可用热毛巾捂一捂鼻子，会缓解宝宝鼻塞的症状。如果鼻屎堵在鼻孔里，会导致宝宝呼吸困难，可以试着用生理盐水洗鼻器，或者生理盐水喷雾的方式，帮宝宝清洁鼻腔。为了防止宝宝鼻子下面的皮肤发干发红，可以涂上保湿霜。

宝宝流鼻涕一定是感冒了？　YES or NO

引起宝宝流鼻涕的原因很多，不一定是感冒了。如果受到冷空气刺激，就容易流鼻涕，如果没有其他不舒服的症状就不必太担心。如果宝宝患有过敏性鼻炎或鼻窦炎也容易流鼻涕，因此不要以为宝宝流鼻涕就是感冒了，更不可随意用药。

图说育儿

手把手教你清理宝宝的鼻涕

如果鼻涕堵住了鼻孔,宝宝会很难受,妈妈也会十分心疼。宝宝鼻塞时不要慌,将鼻涕清理出来就好了。

宝宝鼻塞时可以用热毛巾捂一捂小鼻子,能缓解鼻塞症状。

让宝宝仰卧,往他的鼻腔里滴1滴盐水。

把吸鼻器插入一个鼻孔,用食指按压住另一个鼻孔,把鼻涕吸出来。然后再吸另一个鼻孔,但动作一定要轻柔,以免伤到宝宝脆弱的鼻腔。

小心预防铅中毒

铅是具有神经毒性的重金属元素,对宝宝的神经、大脑伤害很大,会造成智力缺陷、学习障碍、生长缓慢、多动、听力减弱、注意范围减小等。

避免尾气、铅尘:父母尽量少带宝宝到车流量大的公路附近散步、玩耍,避免吸入过多的汽车尾气、铅尘。铅大多积聚在离地面1米以下的大气中,而距地面75~100厘米处正好是宝宝的呼吸带,因此,当不可避免地带宝宝在车流量大的路边行走时,要抱起宝宝。

注意装修材料是否环保:家庭装修要选用正规品牌、质量过关、环保的材料。

儿童餐具是否卫生:使用正规品牌的儿童餐具,避免使用有色彩和图案的餐具。

玩具是否安全:购买无毒、无刺激的玩具,凡是宝宝放入口中的玩具应定期清洗。

宝宝好性格、高情商培养

1~3个月的宝宝不仅个头在慢慢长大，运动能力和认知能力等方面也有了很大的发展。这一阶段的宝宝能用微笑与大人交流了，也会发出"啊啊啊"的声音了。新手爸妈要学会用正确的方法开发宝宝的潜能，让他更乖巧懂事。

多和宝宝做游戏

本阶段的宝宝还不会说话，但他已经能够用表情和简单的"咿咿呀呀"和爸爸妈妈们交流了。爸爸妈妈和宝宝做一些简单的游戏，能有效增进亲子关系。

摸摸妈妈的脸

追寻妈妈的笑脸，享受妈妈的亲亲，是宝宝本能的反应，妈妈可以引导宝宝摸一摸自己的脸。宝宝精神状态良好时，妈妈将宝宝抱在怀里，一边抚摸着宝宝的手和胳膊，一边对他说："啊，好可爱的小手，妈妈很喜欢呀！"然后握着宝宝的手摸妈妈的脸，并对宝宝说："宝宝摸摸看，这是妈妈的脸，这是妈妈的鼻子！"

让宝宝看看、摸摸妈妈的脸，可以让宝宝觉得放松、愉快，并让宝宝对妈妈的语言、表情做出更多的反应，加强宝宝和妈妈在心理和行为上的互动和沟通。

小手拍拍

宝宝睡觉醒来时，让他舒服地靠在妈妈身上。妈妈举起宝宝的两只手，在其视线正前方晃动几下，引起宝宝的注意。一边念儿歌，一边轻轻拍动、摆动宝宝的小手，让宝宝的视线追随手的运动。"小手，小手，拍拍；小手，小手，摇摇；小手，小手，摆摆；小手，小手，快快跑。"念到"快快跑"时，以稍快的速度将宝宝的双手平放到身体两侧。

这能让宝宝的手臂及全身都得到运动，还能让宝宝在与妈妈的肢体接触中，潜移默化感受到快乐、安全等情绪。

抱着宝宝转一转

宝宝清醒时，爸爸妈妈可以轻轻抱起宝宝，一边说说话，一边走一走、看一看，帮宝宝赶走睡醒后的小烦躁。抱着宝宝向不同方向转动，并温柔地对宝宝说："向左转转，向右转转，再转回来。"

爸爸多参与亲子游戏：爸爸要多参加这个游戏，增强亲子关系。

可以让宝宝的背部朝向爸爸妈妈，也可以让宝宝的脸朝向爸爸妈妈。转圈的同时，可以哼唱旋律简单的儿歌、童谣等。

适时地抱着宝宝走一走，转一转，不仅能增进亲子感情，而且能让大部分时间都躺在床上的宝宝换个姿势，换一种状态，体验一下运动和空间位置变换带来的新奇感觉。

瞧瞧他是谁

3 个月大的宝宝自我认知能力正逐步提高，爸爸妈妈可以引导宝宝照镜子。

给宝宝穿上鲜艳漂亮的衣服：这样宝宝看到镜中的自己时会很开心，愿意多和镜子里的"小朋友"玩耍。

可以给宝宝穿上色彩鲜艳的衣服，将他抱到镜子前，让宝宝自发地触摸、拍打镜中的父母和自己；对着镜子做表情，让宝宝对着镜子模仿；摸一摸宝宝的头、鼻子、眼睛等，告诉宝宝每个部位的名称；还可以分别抬起宝宝的手和脚，让宝宝在镜子里看自己的手和脚。

妈妈常问性格培养难题

怎样让宝宝养成好习惯

No.1 宝宝总吮吸手指怎么办? 宝宝喜欢吮吸自己的小手，这是宝宝控制力的一个进步，妈妈不要阻止，但要注意保持宝宝手部的清洁。

No.2 玩游戏时宝宝不配合怎么办? 如果宝宝不理睬爸爸妈妈，可以用夸张的动作和语言吸引宝宝的注意力，慢慢引导宝宝做游戏。

No.3 应该给宝宝听什么样的音乐? 可以让宝宝听一些欢快、节奏感强的音乐，可以锻炼宝宝的听力和语言能力。不要放激昂的乐曲和立体声，以免损伤宝宝的耳膜。

第三章 4~6月

　　宝宝长得真快呀！4~6个月的宝宝骨骼变得强壮了，脑袋可以直立起来了。被妈妈抱起时，宝宝可以自由转动头部，观察这个奇妙的世界了。爸爸妈妈可以多带宝宝去户外走走，既能呼吸新鲜空气，又可以晒晒太阳。这个阶段的宝宝可以尝试吃辅食了，妈妈的喂养也可以轻松些了。这时妈妈可能要去上班了，要做好和宝宝分开一整天的准备。

五大能力让你知道宝宝能做什么

在爸爸妈妈的精心呵护下，小宝宝长得越来越壮了。宝宝到了 4~6 个月，各方面的能力都有了很大的提高：能发出越来越多的声音，开始学着说话了，四肢也变得越来越灵活。下面我们就来看一看 4~6 个月的宝宝都掌握了哪些能力吧。

4~6 月宝宝成长概述

4~6 个月的宝宝身高、体重增长速度开始有所减缓，这是个规律性的过程。

宝宝的四肢变得更加强壮有力，蹬腿的力度变大，小手也能抓住更多东西了。对探索事物有浓厚的兴趣，会自己拿着玩具玩耍。

宝宝的认知能力有所提高，能够用眼睛传达感情，能够表达自己的喜怒哀乐。宝宝发出的音节越来越多了，已经可以发出类似"爸爸妈妈"的声音了。

大运动

宝宝的四肢更加有力，活动力度越来越大，小手可以抓握住更多东西，喜欢抓玩具；轻拉宝宝的手腕，他即可坐起来。

》 俯卧时可抬头 90°，扶腋可站立片刻。

》 竖抱时头部稳定。

》 扶站时，下肢能支撑自己部分体重。

精细运动

宝宝会用拇指和其他手指相对握物，并且逐渐将物品握稳。多加练习后，宝宝可以一手拿一物，进行对敲或传递。

》 抓住近处的玩具。

》 会撕纸，会去拿桌上的积木。

可以试着加辅食了

人工喂养的宝宝可以试着循序渐进地给他添加辅食了。

鼓励宝宝多说话 YES or NO

当宝宝发出声音或尝试着说话时，新手爸妈要做出回应，宝宝会知道，他说的话能引起父母的反应了。新手爸妈要多鼓励宝宝发出声音，引导宝宝说话。这会帮助宝宝了解语言的重要性，还会帮助他发出多种声音，更快地学会说话。

语言交流能力

此阶段的宝宝能够明白母语中所有的基本发音了，会学着发一些音节。新手爸妈要多和宝宝说说话，他会跟着模仿，发出更多声音。

❱ 高声叫出声或大声笑出声。

❱ 听到自己的名字有所反应。

认知能力

宝宝的视觉越来越灵敏，喜欢观察各种事物，听到声响会主动寻找声音是从哪里来的。

❱ 视线能跟随移动的物体上下左右移动。

❱ 能找到声源。

❱ 盯着各种颜色的东西看，能区分相近的色彩。

社会适应能力

此阶段的宝宝和大人交流的方式越来越多，表情也越来越丰富，能够用手拒绝自己不喜欢的东西。

❱ 认识熟悉的亲人，会认生了。

❱ 会表达自己的欲望。

宝宝的喂养

4~6个月的宝宝每次吃奶量大，吃奶次数有所减少，妈妈可以按照自己宝宝的情况调整白天或晚上喂奶的时间，以使自己休息好。此时，也可以让宝宝尝尝母乳或配方奶以外的食物了。

晚上可以晚些给宝宝喂奶：晚上睡觉之前晚些给宝宝喂奶可以减少宝宝夜间醒来的次数。

断奶不宜过早

　　母乳喂养是人类哺喂宝宝的最理想方式，同时也能预防妈妈的各种妇科慢性疾病甚至乳腺癌。世界卫生组织和联合国儿童基金会在大量科学研究的基础上，建议哺乳妈妈坚持哺乳24个月以上。我国营养学会妇幼营养分会根据中国宝宝的身体发育状况，建议哺乳妈妈给宝宝哺乳最好到8个月或1岁，最晚可到1岁半；

世界卫生组织也建议纯母乳喂养最好能保持至少6个月。

调整好夜间喂奶的时间

　　4~6个月的宝宝，夜间大多还要吃奶，如果宝宝的体质好，就可以设法引导宝宝断掉凌晨2点左右的那顿奶。为此，应将喂奶时间做一下调整，可以把晚上临睡前9~10点钟的喂奶顺延到晚上11~12点。宝宝吃过这顿奶后，起码在次日清晨4~5点以后才会醒来再吃奶。妈妈也可以安安稳稳地睡上4~5个小时，不会因为给宝宝半夜喂奶而影响休息了。

注意铁元素的摄取

　　母乳喂养的妈妈，可以在膳食中多摄取一些含铁丰富的食物，以满足此时宝宝对铁的需求。含铁丰富的食物有动物肝脏、各种瘦肉、鸡蛋黄、芝麻酱、绿叶蔬菜、木耳、蘑菇等。人工喂养的宝宝，应注意

妈妈注意补充铁元素：哺乳妈妈要多吃一些富含铁的食物，以满足宝宝对铁元素的需求。

在例行健康检查中发现是否有缺铁性贫血，如果出现严重贫血的情况，应在医生的指导下服用补铁剂。

宝宝补钙有学问

母乳喂养的宝宝，建议妈妈每日至少补钙600毫克，宝宝没有特殊情况可以不补钙，人工喂养的宝宝生长发育良好也无须补钙。宝宝从出生后2周至2岁半，就可以补充维生素D，每天400国际单位（10微克），并逐渐增加户外活动的时间，以促进钙磷吸收。

训练宝宝握奶瓶喝奶

5个月的宝宝手的抓握能力已有初步发展，把带有手柄的玩具放到他手中，可以拿着玩一会儿。为了锻炼宝宝的抓握能力，也为了培养宝宝的独立性，此时妈妈可以训练宝宝握奶瓶喝奶。妈妈用奶瓶喂宝宝喝奶或喝水时，可用手扶着奶瓶的底端，让宝宝双手握在奶瓶的中间部位，往嘴里送奶嘴。妈妈扶奶瓶的主要目的是为了掌握奶瓶的倾斜度，以控制奶水的流量。

让宝宝自己拿住奶瓶：用奶瓶喂宝宝喝奶时要让宝宝自己抓着奶瓶喝，可锻炼抓握能力。

妈妈轻轻扶住奶瓶：可以轻轻扶着奶瓶底端，控制奶水的流量。

❓妈妈常问喂养难题

妈妈怎么做，喂养更高效

💟**No.1 满6月龄的宝宝断奶期怎么吃？** 白天可以减少母乳喂养，慢慢添加辅食；晚上可以将母乳挤出来用奶瓶喂，慢慢改成配方奶。

💟**No.2 安抚奶嘴怎么选？** 软硬适中、耐咬、耐高温消毒、不易变形都是选择安抚奶嘴的标准。要选择材料为硅胶的，拉力更好，不会被咬碎成小片。

💟**No.3 辅食越碎越好吗？** 宝宝的辅食不宜过分精细，且要随年龄增长而变化，以促进他们咀嚼能力和颌面的发育。

辅食添加——菜汁和果泥

随着宝宝一天天地长大，只吃母乳或者婴儿配方奶已经无法满足宝宝的营养需求。所以除了母乳或婴儿配方奶之外，还应给予宝宝一些由固体食物制作的水、泥等辅食。

满6月龄是添加辅食的推荐时机

宝宝可以吃辅食后，自身会做好一些准备：比出生时的体重增加一倍；当宝宝坐着时，头部能保持垂直，脖子也能够直立；舌头推吐反射消失，能顺利吞咽食物，具备吞咽能力；当其他人吃饭时表现出极大的兴趣；当食物接近时，会张大嘴巴来迎接。上述所有表现，6月龄的宝宝都已具备，因此这个时间段是为宝宝添加辅食的最好时机，妈妈一定不要错过，否则让宝宝接受辅食会变成一件比较难的事情。

嫩菜心营养更丰富？ YES or NO

爸爸妈妈在为宝宝做菜汁时，会专门挑选最嫩的蔬菜，或者把蔬菜外面的老叶子去除，只给宝宝吃菜心，认为菜心最营养。其实嫩菜心的营养价值要比外部的深绿色菜叶低得多，给宝宝制作菜汁时，要选用新鲜、深色的外部叶子，这样做出的菜汁才更营养。

添加辅食，从菜汁和果泥开始

人工喂养的宝宝在4~6个月时，需要逐渐添加辅食，比如菜汁、果泥，一般在两次喂奶之间添加，可以补充水分、维生素、矿物质。

TIPS
添加果泥时，不要让宝宝喝超市标明"100% 纯天然"的果汁。

菜汁：先将新鲜蔬菜择洗干净，然后切碎，待锅内的水煮沸后投入，加盖，水量以仅仅没过菜量为宜，用筷子把浮在水面上的菜搅入水中至完全沸腾，1分钟后即可关火，不用加盐，过滤后倒入瓶中待温度适宜时喂给宝宝。余下的菜汁可倒入有盖的容器内放凉，存入冰箱，一日内喝完。

果泥：将苹果、梨、桃等洗净，去皮，去核，切片，待水开时放入锅中，方法同上，不必加糖，待温度适宜时服用。果泥要当时做当时喝，以免发酵变质。

图说
育儿

经典菜汁、果泥推荐

第一次喂辅食不知道喂什么？可以先给宝宝喂一些菜汁和果泥，下面几款菜汁、果泥是不错的选择。

黄瓜汁富含膳食纤维，有补水功效，适合宝宝饮用。

香蕉泥：宝宝便秘的时候，可以给宝宝吃适量香蕉泥。

黄瓜汁：有补水、补充膳食纤维的作用，夏季可给宝宝喝。

苹果泥：最为温和的果泥，可以经常给宝宝吃。

菠菜汁：可为宝宝补充维生素和铁，春夏宜饮。

职场妈妈母乳喂养攻略

4个月或6个月的产假很快结束，妈妈很快就需要从全心全意在家带宝宝的状态切换回朝九晚五的上班族生活。上班也要坚持给宝宝母乳喂养，让这37℃的母爱持续更长时间。只要掌握喂养的技巧，职场妈妈也可以做好母乳喂养。

让宝宝提前适应妈妈不在身边

在即将上班的前几天，妈妈要根据上班后的作息时间，调整、安排好哺乳时间。可以让家人给宝宝用奶瓶喂奶，提前让宝宝适应，并要注意循序渐进，应尽量地把喂奶的时间安排在妈妈上班的时候。

另外，家人最好不要在妈妈回家之前的半小时内喂奶，如果此时宝宝吃饱了，就对妈妈的母乳不感兴趣，这样妈妈喂奶机会就少了。

如果有的妈妈希望将母乳喂养坚持到底，每天至少要泌乳3次（包括喂奶和挤奶），因为如果乳房受不到充分的刺激，母乳分泌量就会越来越少，不利于延长母乳喂养的时间。

上班时如何收集母乳

妈妈上班时要携带奶瓶，可在工作休息及午餐时间在隐秘场所挤奶。挤完奶后，要将奶瓶及时放在冰箱或保温桶中保存。

妈妈每天可在同一时间挤奶，建议在工作时间每3小时挤奶1次。下班后携带母乳的过程中，仍然要保持低温。回家后要立即放入冰箱储存。另外，储存的母乳要注明挤出的时间，便于取用。

收集的母乳怎样哺喂

冷藏的母乳要用暖奶器或不超过50℃的热水隔水温热；喂养冷冻母乳时，要先用冷水解冻，再用不超过50℃的热水隔水温热。

解冻母乳时不要用微波炉，因为微波炉加热不均匀，温度太高会破坏免疫物质。另外，直接在火上加热、煮沸也会破坏母乳的免疫原性物质和抗体成分。

冷藏的母乳出现分层或变蓝是变质了吗

冷藏的母乳出现分层是正常的，主要是因为母乳存储后水乳出现了分离，脂肪浮到表层，形成水层和脂肪层两个层次，这是正常的现象，不是变质。只需要在复温时，轻轻旋转奶瓶，摇匀母乳就可以了。但是如果储存的母乳出现了异味或者有沉淀，则可能是变质了，出于保险起见，还是不要给宝宝喝了。另外，冷藏的母乳呈现淡淡的蓝色是正常的，不用担心。

千万不要反复温热母乳

冷藏的母乳一旦复温，就不可以再次冷冻或冷藏，也不可以反复温热后给宝宝吃。冷冻的母乳也不可以再次冷冻。所以妈妈担心宝宝一顿吃不完的话，最好选择容量小的储奶瓶或储奶袋。国际母乳协会推荐一份冷藏的母乳量应为60毫升。

如何正确使用吸奶器

吸奶器用起来很方便，是吸奶不可缺少的帮手，还可以在妈妈上班、宝宝没法吃奶时吸奶并储存起来。刚开始使用时，可能会手忙脚乱、效果不好。妈妈不要气馁，可以在还没有上班的时候在家里多用几次，等熟练了就会从容许多。下面介绍如何更高效、更方便地使用吸奶器。

1. 每次吸奶前，不管是手动吸奶器还是电动吸奶器，都要将除了把手以外的每一个零件拆下来煮沸消毒。消毒时要用大锅，水要多放些，一定要足够浸没所有的吸奶器零件，水煮沸后再煮2~3分钟。

2. 用熏蒸过的毛巾温暖乳房，并按摩刺激乳晕。

3. 吸奶器位置要放正，调节好吸力，以自己感到舒适为宜。

4. 吸奶器按在乳房上时不要太过用力，轻轻放在上面就好了，不要频繁按压，而要轻按、慢按，产生负压后奶水便会自然流出。

5. 吸奶时间要根据自身情况来定，一般控制在20~30分钟，时间不要过长，吸累了可以先休息会儿再吸。如果吸奶时感觉乳房或乳头有疼痛感，要立即停止。

6. 吸完奶后，一定要及时清洗和消毒吸奶器。

妈妈吸奶时不要盯着奶瓶
可以适当分散注意力，让自己尽可能放松。

宝宝辅食食谱

甜瓜汁

原料：甜瓜 20 克。

做法：① 甜瓜去皮并剜出瓤后切成小块，用勺子捣碎。② 用清洁的纱布挤出汁液即可。

大米花生汤

原料：大米适量，花生仁 10 粒。

做法：① 大米淘洗干净，花生仁一掰两半，与大米同煮成粥。② 待粥放温后取米粥的上清液 30~40 毫升，喂宝宝即可。

青菜汁

原料：青菜 20 克，水适量。

做法：① 青菜洗净后浸泡 10 分钟，然后捞出切碎。② 锅内加一小碗水，煮沸后将菜放入，盖紧锅盖再煮 5 分钟。③ 待温度适宜时去掉菜渣，取汁喂宝宝即可。

大米汤

原料：大米适量。

做法：① 将大米用清水淘洗干净，浸泡半小时，加水煮成稍稠的粥。② 待粥温后取米粥的上清液 30~40 毫升，喂宝宝即可。

南瓜泥

原料：南瓜 40 克，白糖适量。

做法：① 南瓜去皮和瓤，洗净后切成薄片，然后将南瓜片放入蒸锅内，加盖大火隔水蒸 10 分钟。② 取出蒸好的南瓜，倒入碗内，并加入白糖，用勺子将南瓜与白糖一同搅拌均匀，压制成泥即可。

香蕉乳酪糊

原料：香蕉半根，天然乳酪 25 克，鸡蛋 1 个，牛奶、胡萝卜各适量。

做法：① 鸡蛋煮熟，取出 1/4 蛋黄，压成泥状。② 香蕉去皮，用勺子压成泥状；胡萝卜去皮，用滚水煮熟，压成胡萝卜泥。③ 果泥乳酪混合，加入牛奶，调成糊，放在锅内，煮开后再烧一会儿即成。

茄子泥

原料：嫩茄子 40 克，芝麻酱适量。

做法：① 将茄子切成细条，隔水蒸 10 分钟左右。② 把蒸烂的茄子去皮，捣成泥，加入适量芝麻酱拌匀即可。

胡萝卜泥

原料：胡萝卜半根，温开水适量。

做法：① 胡萝卜洗净，加水煮熟。② 用勺子压成泥，加适量温开水拌匀。

宝宝护理要点

4~6 个月的宝宝活动能力逐渐增强，开始长牙齿，有了自己喜欢的玩具，也喜欢让爸爸妈妈抱着去室外玩。为了宝宝的身心健康，爸爸妈妈要积极地为他创造一个舒适安全的成长环境。

宝宝会坐了

宝宝到了 6 个月，他就开始有强烈的坐起来的欲望了，这是他成长历程中最让人兴奋的一页，你需要帮助宝宝坐起来看世界。

帮助宝宝坐起来

4 个月时，宝宝的后背肌肉还没有什么力气，一坐起来就会往前倾。5 个月时，他会倒向一侧，并且还会伸手支撑。6 个月，宝宝的背部肌肉已经有足够的力量支撑他坐起来，但可能平衡性不太好。比如，他可能会两只手都支撑着地面，或者一只手支撑着地面，不敢全部放手，这时就需

要你帮忙了。帮助宝宝坐立有很多技巧：

1. 让宝宝靠着床头坐，在两边和前面放上枕头或靠垫，来避免宝宝前后左右倾斜。别让宝宝倒在硬的地面上，这会让他害怕，从而不爱学坐。

2. 让宝宝坐在你伸出的两腿中间，边练坐边陪他玩，这会让他喜欢坐，而且也很安全。

3. 在宝宝的面前放些玩具，鼓励宝宝用支撑身体的手去拿着玩，从而慢慢地独自坐起。

4. 两手分别握在宝宝的腋下，支撑他的身体使其坐起来，再让他的手去拿前面的玩具。

5. 当宝宝躺下时，两手拉他的小手，别太用力，让他靠自己的力量慢慢坐起来。拉坐练习会让他的平衡感越来越好。

6. 刚开始在宝宝坐起来的四周摆满枕头或靠垫，几天后撤掉一个，过几天再撤掉一个，观察宝宝的姿势。直到有一天，你会发现宝宝根本不需要任何倚靠就能自己坐得四平八稳了。

不必刻意练习坐

一般 6 个月左右，宝宝可开始独坐，刚开始独坐时，宝宝可能协调不好，身体前倾，此时坐的时间不宜长，慢慢延长每次坐的时间，直到能稳定地坐好。

仔细挑选宝宝的玩具

4~6 个月的宝宝已经有了自主活动的能力和意识，玩具对于宝宝越来越重要，选择适合宝宝目前月龄的玩具，能促进宝宝能力的发展。这个阶段的宝宝，婴儿床拱架上的玩具，抓握类玩具，能发出声音的手镯、脚环都可以促进宝宝全身及手眼协调的发展。

玩具也需要筛选，不适合这么大宝宝玩的玩具，就不要给他玩，以免造成危险。会掉色、掉零件、能够啃坏的玩具，也不要给宝宝玩。

毛绒公仔：毛绒玩具看起来十分可爱，可以吸引宝宝的注意力，质地柔软，宝宝玩时不会被弄伤。

毛绒积木：宝宝玩毛绒积木可以锻炼小手的抓握能力，有利于提高宝宝的运动能力。

布书：不仅撕不烂，还可以帮宝宝养成阅读的习惯。

洗澡玩具：分散注意力，减少宝宝对洗澡的恐惧，让洗澡变得更有趣。

攻克护理难题，宝宝更健康

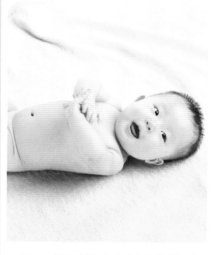

❤**No.1 可以给宝宝佩戴饰物吗？**给宝宝佩戴饰物，存在很多隐患，如宝石、金银器等挂件的细绳或细链易勒伤宝宝的脖子，或引起血液循环不畅。

❤**No.2 夏天可以不给宝宝穿衣服吗？**宝宝光着身子不仅不能保证皮肤清洁，而且容易受到外伤。因此，不能不给宝宝穿衣服。

❤**No.3 能用母乳给宝宝擦脸吗？**其实这种方法对宝宝是有害的。母乳中营养丰富，也给细菌滋生提供了良好的培养环境，宝宝的皮肤娇嫩，血管又丰富，将母乳涂抹在宝宝脸上，容易使细菌在大面积繁殖之后进入皮肤的毛孔中，引发毛囊炎。

宝宝开始长牙啦

6 个月左右的宝宝开始露出尖尖的小牙齿了，有的宝宝出牙时没有什么异常反应，但是有的宝宝可能会出现一些状况，如低热、流口水、烦躁、睡眠不安等。所以，还需要妈妈细心地做好宝宝出牙前后的家庭护理工作。

乳牙萌出的顺序

牙齿有乳牙和恒牙之分。2 岁半左右出齐的是乳牙；6~8 岁时乳牙逐个脱落，换成恒牙。一般情况下，宝宝 5~8 个月开始萌出乳牙，11 个月宝宝会出 5~7 颗牙，1 岁时出 6~8 颗牙，2 岁左右出齐，共 20 颗。

牙齿一般是成对萌出，最先萌出的乳牙为下面中间的一对门牙，叫乳中切牙。然后是上面中间的一对门牙，随后再按照由中间到两边的顺序逐步萌出。依次长出乳侧切牙、第一乳磨牙、乳尖牙（犬齿），最后长出第二乳磨牙。

帮宝宝顺利度过出牙期

坚持母乳喂养。母乳对宝宝而言，是最有益的食物。母乳喂养对宝宝的乳牙很有利，且不易引发龋齿。

加强营养。出牙期特别需要给宝宝加强营养，尤其是要注意补充维生素 A、维生素 C、维生素 D 和钙、镁、磷、氟等矿物质。平时要给宝宝多吃鸡蛋黄、玉米泥、大米汤、果泥和菜汁，这些食物能有利于乳牙的萌出和生长。

给宝宝吃磨牙食品。当宝宝产生出牙不适感而喜欢啃咬东西时，妈妈可以准备一些专为出牙宝宝设计的磨牙饼干，让

儿童乳牙萌出和脱落的时间

上牙

	乳牙萌出时间（月）	乳牙脱落时间（岁）
乳中切牙	8~12	6~8
乳侧切牙	9~13	7~9
乳尖牙（犬齿）	16~22	9~12
第一乳磨牙	13~19	10~12
第二乳磨牙	25~33	10~12

	乳牙萌出时间（月）	乳牙脱落时间（岁）
第二乳磨牙	23~31	10~12
第一乳磨牙	14~18	10~12
乳尖牙（犬齿）	17~23	9~12
乳侧切牙	10~16	7~9
乳中切牙	5~8	6~8

下牙

宝宝啃咬,以缓解不适。这些磨牙食物还能为宝宝提供营养,锻炼其咀嚼能力,强壮脸部肌肉。

　　保持牙龈清洁。每次给宝宝吃完辅食后,可以加喂几口白开水,以冲洗口中食物的残渣。

　　清洁已经长出的乳牙。从宝宝开始萌出第 1 颗乳牙后,就必须每天清洁了。妈妈可用干净的棉布为宝宝清洁小乳牙。

TIPS

给宝宝准备磨牙饼干时,要注意照看宝宝,以防还未被完全软化的饼干被宝宝误食。

图说育儿

教你护理宝宝的乳牙

　　宝宝长出乳牙了,这表明宝宝的成长又上了一个台阶。你会护理宝宝的乳牙吗? 一起来学习吧。

从宝宝长出第一颗乳牙就要注意清洁,妈妈可以用干净柔软的儿童牙刷轻轻给宝宝刷乳牙。

宝宝乳牙萌出时,喜欢咬奶头、吃手指。这时爸爸妈妈应适当给宝宝吃一些面包干、饼干,让宝宝咀嚼以刺激牙龈,使乳牙便于穿透牙龈黏膜而迅速萌出。

从宝宝第一对乳牙萌出开始,吃奶后和睡前适当饮用些白开水,以清洁口腔,或用温开水漱漱口。

食指用纱布缠好,轻轻按摩宝宝牙龈和刚刚长出的小牙。

让宝宝安全成长

4~6 个月龄的宝宝常常会对周围感到好奇，他们也开始对探索周围环境、学习新本领特别着迷，这对于宝宝来说有促进发育的好处，但爸爸妈妈别忘了"安全第一"这件大事哟！为避免或减少意外事故的发生，爸爸妈妈不仅应该随着宝宝活动能力和活动范围的扩大，经常盘点一下家里存在的安全隐患，也应了解那些事情对宝宝有危害，并采取积极的预防措施，防患于未然。

给宝宝拍照不要用闪光灯

这个年龄段的宝宝，视网膜上的视觉细胞功能处于不稳定状态，强烈的电子闪光会对视觉细胞产生冲击或损伤，影响宝宝的视觉能力发育。这种损伤同电子闪光照相机拍照时的距离有关，照相机离眼睛的距离越近，这种损害就越大。因此，对于 5 岁以内的宝宝（尤其 6 个月以内的宝宝），要尽量避免用闪光灯拍照。

怎样防止宝宝过敏

如果宝宝是过敏体质，妈妈就要带宝宝到医院进行过敏原筛查，通过筛查，可以掌握易引发宝宝过敏的物质"黑名单"。日常生活中，哺乳妈妈要避免吃这些容易导致宝宝过敏的食物。平时妈妈也可以留心观察，注意宝宝发病时所处的环境、所吃的食物以及所接触的物品，总结过敏原因，避免过敏现象的发生。

提高宝宝自身免疫力，也是有效预防过敏疾病发生的重要手段。妈妈要让宝宝多活动，强健体魄，还要让宝宝每日睡眠充足。另外，妈妈要注意为宝宝保暖，预防感冒等疾病的发生。

宝宝不喜欢闪光灯
给宝宝照相一般都是自然光加柔光，不要用闪光灯，因为宝宝对刺眼的太阳光和闪光灯都非常敏感。

总是吃手是否正常

4~6 个月的宝宝已能自由地运用双手，把手或大拇指放到嘴里，并凝视、玩弄自己的双手。如果宝宝总是吃和看一只手，而另一只手很少有类似的有目的的探索运动，或宝宝似乎对另一只手没有存在的感觉，就应警惕，及时就诊确定是否有脑瘫（偏侧瘫）的可能。

注意宝宝服装的安全性

4~6 个月的宝宝还不能有意识地控制自己的行动，服装的安全性非常重要。给宝宝准备衣服时，最好不要钉扣子，以免被宝宝误食。如果有的衣服有钉扣子的必要，除了考虑扣子的位置不至于硌伤宝宝之外，爸爸妈妈还要经常检查扣子是否牢固。宝宝衣服上的装饰物也要尽可能少，装饰性小球之类的东西一定要去掉。此外，还要经常检查宝宝的内衣裤和袜子上是否有线头，以防宝宝的小手、小脚丫甚至有可能是男宝宝的阴茎被内衣的线头缠伤。

告诉宝宝什么不能吃

宝宝现在已经拥有一定的物体识别和记忆能力了，当宝宝抓起东西往嘴巴里放的时候，爸爸妈妈应该告诉宝宝什么是可以吃的，什么是不能吃的。为了防止病从口入，妈妈给宝宝的东西要卫生、安全，不能放进宝宝嘴里的东西不要给宝宝玩，如小球、糖块、纽扣等，以免出现危险。

给宝宝理发需谨慎

使用理发器前详细阅读说明书，特别是安全方面的注意事项，注意使用安全。用后收好，不要给宝宝当玩具。

妈妈在给低龄宝宝理发时，最好有他人帮助。如果宝宝哭闹，最好不要强迫他，等他安静下来或者睡着了再理。

请理发师上门为宝宝理发，要注意理发师是否经过婴儿头部护理及理发的双重培训，是否具有给婴儿理发的丰富经验。理发用具是否安全也很重要，而且理发前要经过严格的消毒，以避免交叉感染。

宝宝理发频率没有特别的规定，可根据头发生长速度及性别不同，1~2 个月理 1 次发。

不要弄伤头皮。年幼的宝宝皮肤很娇嫩，不小心剃伤皮肤会引起细菌感染。

宝宝睡好觉

随着宝宝长大，睡眠时间慢慢减少，睡眠模式与成人的模式更加接近。在这个阶段可以慢慢地培养宝宝规律的睡眠习惯，尽量让宝宝睡上一整晚，妈妈也可以不用再起来喂夜奶了。

白天不要睡太多：有些宝宝白天总是呼呼大睡，这种情况下，家长可以多陪宝宝玩耍，让宝宝白天睡4小时左右就够了。

4~6个月的宝宝睡多久

4个月的宝宝，晚上睡眠时间延长，白天大约能睡3次觉，每次两三个小时，每天能睡十五六个小时，夜间的连续睡眠能达到5小时左右。但具体睡眠情况每个宝宝各有不同。

5个月的宝宝能区分白天和黑夜了。每天睡觉的总量为14~16个小时，白天还需要睡两三次觉，不同宝宝睡觉时间也会有差异。

6个月的宝宝，每天基本会睡13~15个小时。宝宝晚上醒的次数也减少了，有

的甚至能够一觉睡到天亮。白天一般睡两三次，上午睡1次，下午睡一两次，一般上午睡一两个小时，下午睡两三个小时。白天睡够4小时就差不多了，这样有利于培养宝宝一觉睡到天亮的习惯。

不能一觉睡到天亮很正常

人在睡眠时会经过深睡眠和浅睡眠，成人转入深度睡眠快，宝宝要经过一段时间的浅睡眠才可以。有时宝宝夜间醒来不一定是真正睡醒，只要轻拍、安抚就可使宝宝转入深度睡眠，有的妈妈在不了解情况的前提下哄逗宝宝，致使宝宝兴奋影响睡眠，需要及早改正。

医学上对于宝宝睡整宿觉的定义是连续睡眠5个小时，而不是一觉到天亮。无论深睡眠还是浅睡眠，都会帮助宝宝的大脑发育。

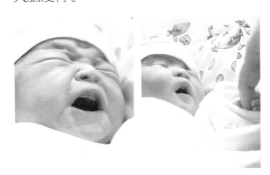

宝宝夜间醒来不要立马哄睡
宝宝夜间醒来可能是因为处于浅睡眠状态，爸妈应先观察，不要轻易哄逗。

4~6 月宝宝常见的睡眠问题和应对方法

如果宝宝经常晚上醒来，长时间啼哭，午夜还保持警惕、清醒状态，在床上玩闹 1 小时以上还不能安静入睡，这说明宝宝可能出现了睡眠问题。

宝宝出现睡眠问题的原因有很多，6 个月的宝宝进入到分离焦虑或陌生人焦虑期，容易形成睡眠问题；父母过分敏感，不了解要给宝宝浅睡眠和深睡眠之间留有转换时间，打扰宝宝连贯睡眠，形成问题睡眠；过分依赖别人帮助入睡，而不能独立主动入睡也会造成睡眠问题。

给父母的建议

保证合理适量的运动，同时也保证宝宝有安静的时间、单独的玩耍和与父母互动的时间。

多抚摸、拥抱、亲吻宝宝，让宝宝建立安全感，消除因分离焦虑产生的睡眠障碍。帮助宝宝建立规律的作息时间表，并学会观察记录，随时找出原因所在并加以调整。

轻拍宝宝背部： 如果宝宝夜间醒来，妈妈可以轻轻地拍一拍他的背部，宝宝就可以再次入睡。

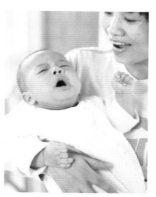

不要摇晃宝宝： 过分猛烈的摇晃动作会使宝宝大脑在颅骨腔内不断受到震动，影响脑部的生长。

❓ 妈妈常问睡觉难题

怎样让宝宝睡得更好

♥ **No.1** 宝宝怕黑可以开小夜灯吗？宝宝晚上睡觉时，长久开小夜灯，会影响其睡眠质量，还会影响宝宝的眼部网状激活系统，对宝宝的视力发育不利。

♥ **No.2** 睡前可以让宝宝玩玩具吗？宝宝可能还不习惯单独睡觉，妈妈可以把宝宝平时最喜爱的玩具给宝宝抱着，安抚宝宝的情绪，待宝宝熟睡后再拿开。

♥ **No.3** 宝宝夜间醒来哼哼唧唧怎么办？爸爸妈妈可以轻轻拍打宝宝的后背，帮助他再次入睡。千万不可过多说话逗笑宝宝，以免他无法继续睡。

宝宝可以睡枕头了

宝宝头部活动更加灵活，颈部增长，肩部增宽，已出现第一个脊柱生理弯曲，可以给宝宝睡枕头了。选择一个适宜的枕头对宝宝来说非常重要。

枕头长度与肩同宽

婴儿枕头高度以 2~3 厘米为宜，可根据宝宝发育状况、穿衣厚薄逐渐调整，长度与宝宝肩同宽。随着宝宝长大，可适当提高。如果枕头过低，使宝宝胃的位置相对高，容易吐奶；如枕头过高，会影响宝宝睡眠时的呼吸通畅。

枕芯质地应轻便、透气、吸湿性好，软硬均匀。可选择秕草籽、灯芯草、蒲绒、荞麦皮等材料充填。不要使用泡沫塑料或腈纶、丝绵做充填物。对于不明填充物的枕头，妈妈要慎重购买，一般来说，天然的传统的产品往往是最安全的。

选合适的枕头睡出完美头型

宝宝新陈代谢旺盛，头部易出汗，因此，枕头要及时洗涤、暴晒，保持枕面清洁。否则，汗液和头皮屑粘在一起，易使致病微生物贴附在枕面上，不仅干扰宝宝入睡，而且极易诱发湿疹及头皮感染。

> **TIPS**
> 给宝宝挑选枕芯时，千万不要用泡沫塑料或羽绒做填充物，避免引起宝宝过敏。

选择一个适宜的枕头
选择合适的枕头，才能保证宝宝良好的睡眠。

有的妈妈认为，宝宝睡硬一些的枕头，可以使头骨长得结实，脑袋的外形好看。其实，长期使用质地过硬的枕头，易造成宝宝头颅变形。

要想让宝宝有个完美头型，除了应选择软硬适度的枕头，还要注意经常变换体位。宝宝睡眠时，妈妈要有意识地经常变换宝宝的头部位置。由于宝宝睡眠时喜欢面朝妈妈或有亮光、有声音的方向，因此要定期变换宝宝睡眠的位置。

宝宝的枕头越软越舒适？ YES or NO

许多爸妈觉得软的枕头柔软舒适，更适合宝宝用，其实太软的枕头不能很好地支撑宝宝的颈椎，而且由于与宝宝头皮的接触面过大，不利于血液循环。宝宝翻身时如果枕头太软容易"塌陷"在里面，可能堵住宝宝的口鼻，影响宝宝呼吸。

图说育儿

如何纠正宝宝偏头的习惯

4~6 个月时，如果发现宝宝有偏头的现象，可通过下面两个方法纠正。

将头部一侧垫高或买个定型枕：在宝宝的头部有点偏的一侧，用松软的东西垫高一些，使宝宝头部不能随意偏向该侧，或者去婴童专卖店买个定型枕。

变换位置跟宝宝说话：妈妈或家人要左右两边都坐着跟宝宝说话，不要只在一边跟宝宝说话，这样不容易纠正偏头。

宝宝常见不适
及意外情况应对

4~6个月的宝宝四肢越来越灵活，小手可以抓更多东西了，爸爸妈妈要看护好宝宝，以免他抓住尖锐的东西划伤自己。

意外烫伤需冷敷或用凉水冲洗：
宝宝被烫伤需立即用凉水冲洗进行降温，情况严重需马上去医院。

烫伤

4~6个月的宝宝小手能抓住更多东西了，爸爸妈妈在吃饭、喝水时，一没注意，宝宝的小手就伸过来抓碗、抓杯子，很容易造成烫伤。给宝宝用热水袋时，也可能会烫伤宝宝。新手爸妈要格外注意。

预防宝宝被烫伤

给宝宝喂奶或喂水时，温度要合适，滴一滴到手腕上试试温度，以免烫伤宝宝。这个阶段宝宝已经可以双手抱住奶瓶，妈妈可以尝试让宝宝自己喝奶或喝水了，不过还是不能走开，要防止奶瓶脱落砸到宝宝或烫到宝宝。不要让宝宝触摸电器，用热水袋时也要当心。

宝宝烫伤的紧急处理

马上用流动的凉水持续地冲，局部降温，坚持冲洗20分钟以上。

检查烫伤的程度。如果是轻度烫伤，最好延长冲水、冰敷时间，直到不痛为止。冲洗之后用纱布包好烫伤处，最好不要涂药。

如果隔着衣服烫伤，能脱掉的外套就直接脱掉；贴身的衣服不要暴力撕破，而是用冷水冲洗，然后用剪刀剪破或就近就诊。

如果是脸部或额头烫伤，轮流用湿毛巾冷敷。

如果烫伤处起了水疱，可以涂上烫伤膏，外面敷上湿毛巾，以防止感染。如果水疱破裂，冷敷后马上送医院。

如果是大面积烫伤，最好别用凉水冲洗，只用湿毛巾冷敷，别用任何药物，马上就医。

呕吐

6 个月的宝宝可以添加辅食了，宝宝的肠胃功能还不健全，如果吃不对很容易发生呕吐。

宝宝呕吐的几种情况

从嘴巴两侧滴滴答答流出来：一般发生在喝奶之后，原因是喝奶太多，妈妈就不必太担心。

一下子猛然吐出来：喂完奶后，宝宝无法顺利打嗝，在呼气的同时吐奶，要立即就医。

像喷水一样猛然吐出来：很可能是患胃部疾病。如果体重一直不增加，应及时就医。

教你应对宝宝呕吐

为了预防宝宝再次感到恶心，要用干净的棉布及时把宝宝嘴巴周围附近擦干净。不能让宝宝长时间仰卧，否则可能会被吐出来的东西堵住口鼻，引发呼吸困难甚至窒息。

擦干净宝宝嘴边的呕吐物：宝宝呕吐后要及时用干净柔软的小棉布把嘴边的呕吐物擦干净。

换上干净衣服：宝宝吐完要给他换上干净衣服，让他舒服地躺着。

抱起宝宝抚摸他：妈妈可以将宝宝抱起来抚摸他或轻声安慰他。

如何应对宝宝的不适症状

♥No.1 **宝宝感冒了怎么办？** 宝宝发热要及时进行物理降温或药物降温，流鼻涕时及时处理干净，以防鼻塞。让宝宝充分休息，注意饮食，以流质食物为主。

♥No.2 **宝宝腹泻还能吃辅食吗？** 已经添加辅食的宝宝如果腹泻，可以暂停辅食，只吃母乳或配方奶。待宝宝消化功能恢复正常半个月后，再添加辅食。

♥No.3 **怎样预防宝宝感冒？** 天气变化时减少外出，及时增减衣物，室内注意通风，让新鲜空气补充进来。家人感冒时不要接近宝宝，妈妈感冒时要戴口罩，避免亲近宝宝。

宝宝好性格、好习惯培养

4~6 个月的宝宝好奇心非常强，动作协调能力的改善和视力范围的扩大使他试着去抓力所能及的任何东西，也使他会有更多的探索行为。宝宝能够区分不同的色彩，能表达自己的喜怒哀乐。爸爸妈妈要多陪宝宝玩游戏，有利于宝宝智商和情商发展。

玩玩自己的小脚丫

宝宝的四肢活动越来越频繁了，爸爸妈妈可以多拉拉宝宝的小手，也可以陪他玩自己的小脚丫；抓住宝宝的脚踝，慢慢弯曲宝宝的膝盖并靠近身体，最好让宝宝用手触摸自己的膝盖；继续把宝宝的脚向上抬，慢慢让脚尖触碰宝宝的头部。父母开心地和宝宝说："宝宝的小脚丫，自己闻一闻。"引导宝宝抓着自己的小脚动一动，提高宝宝大脑对四肢的协调支配能力。

跟着音乐跳跳舞

宝宝已经能够感受到节奏感强的韵律了。可以为宝宝准备一些节奏感比较强的音乐，帮助他提高身体协调能力。扶着宝宝的腋下，让他的脚碰到较硬的床。有意识地放松手腕，让宝宝双脚蹦一蹦，双腿蹲一蹲，小屁股活动活动。播放乐曲，帮助宝宝尽量配合乐曲的节奏活动。

配合节奏感强的音乐，让宝宝跳蹲蹲舞，不仅有利于提高宝宝的乐感，还可以锻炼宝宝的身体。宝宝在这个过程中会很开心，笑得更欢快。

不要让宝宝一直跳
由于宝宝下肢支撑力量还不够大，父母要注意控制游戏的时间。

多叫宝宝的名字

宝宝已经能够听出他自己的名字了，当妈妈说出他的名字时，他会明白是在跟他说话。当叫他或者和其他人谈起他时，小家伙就会把头转过来。如果想吸引宝宝，逗他开心，只需要多叫他的名字，跟他说话就行了。

让宝宝听不同的声音

半岁左右的宝宝听力已经接近成人了，可以给宝宝听听不同的声音，他会很感兴趣。此外还有一些声音会启动宝宝一系列的听觉反应，如铃铛、钥匙串扔在桌上或掉到地板上时发出的声音。或者准备一个能发出声响的玩具，爸爸妈妈把玩具展示给宝宝后，用手在玩具上轻轻拍一下，让玩具发出声音。反复演示几次，让宝宝注意使玩具发出声音的方法，并鼓励宝宝自己用手拍玩具。当宝宝成功拍响了玩具的时候，要用语言或者亲吻等动作给宝宝鼓励。

这个游戏不仅能带给宝宝快乐，还能培养宝宝对音乐的感受力，使宝宝乐于开口说话。

吹一吹小喇叭：爸妈教教宝宝吹玩具小喇叭，既能增添乐趣，又能锻炼宝宝的呼吸。

给宝宝买个玩具琴：让宝宝学着弹玩具琴，听到声音宝宝会很开心，还能训练小手的协调性。

？妈妈常问性格培养难题

怎样让宝宝养成好性格

💗**No.1 宝宝认生怎么办？** 妈妈抱着宝宝离陌生人远一点，告诉宝宝这是谁，在做什么之类的话；然后离得近一点，让他与陌生人打个招呼，鼓励他与陌生人相处。

💗**No.2 家庭氛围对小宝宝有影响吗？** 要营造和谐的家庭氛围，紧张、沉默的家庭环境不利于亲子关系的建立，也影响宝宝好性格的养成。

💗**No.3 宝宝分离焦虑怎么办？** 建立告别仪式，拥抱亲吻宝宝、告别去上班，仪式化的程序使再见更轻松。帮助宝宝建立与其他看护者的依恋关系，比如父女、爷孙等，"温暖、舒适、安全"可缓解宝宝的分离焦虑。

第四章 7~9 月

　　宝宝像个小精灵一样，越来越可爱了。半岁后的宝宝能够吃越来越多的辅食了，要注意给宝宝适当补充营养元素。宝宝的免疫力可能会下降，容易生病，需要爸爸妈妈无微不至的照顾。这一时期宝宝开始学习爬行，难免磕磕碰碰，父母要做好防护。宝宝的好奇心越来越强，要引导宝宝多探索新鲜事物，这样宝宝会更加聪明伶俐。

五大能力让你知道宝宝能做什么

这一阶段的宝宝运动能力更强了，变得更加灵敏好动，宝宝已经可以坐直了，小腿越来越有力量，开始会爬了，想要探索更多新鲜事物。爸爸妈妈要精心呵护宝宝，下面我们就来看一看 7~9 个月的宝宝都掌握了哪些能力吧。

7~9 个月宝宝成长概述

7~9 个月的宝宝四肢变得更加强壮了，腿部越来越有力，可以教宝宝学习爬行了，要让他多运动，但不要过早学习走路，以防腿部发育不良。

宝宝会主动模仿说话声，大人要多和宝宝对话，锻炼宝宝的语言能力。宝宝开始出现分离焦虑，害怕陌生人，逐渐显现出自己的个性，爸爸妈妈要合理引导宝宝融入大人的世界。

大运动

宝宝的四肢动来动去更加灵活，翻身动作已相当熟练，可以坐直了，虽然还不能独自站立，但两腿能够支撑大部分的体重。

》可以自如地独自坐着。

》在大人扶着时能够站立起来。

》会爬行，拉着双手会走几步。

精细运动

四肢越来越协调，手指变得灵活，能够用拇指、食指和中指捏起东西，并且能自如地松开手指，开始扔东西。

》可以自己取一块积木，再取另一块。

》拇指、食指能捏住小球。

宝宝会爬了

爸爸妈妈要积极引导宝宝学习爬行，但不要过早学走路。

让宝宝自由运动 YES or NO

如今，让老人看护的宝宝越来越多。老人大多心疼宝宝，担心发生磕碰导致外伤，所以看护得非常仔细，也会把宝宝照顾得特别周到，所以爸爸妈妈如果没法自己看护的话，要鼓励老人给孩子多一点空间，只要保证没有大的危险，让宝宝自由爬行。

语言交流能力

宝宝开始主动模仿大人的说话声，整天或几天一直重复某个音节，对声音特别敏感并尝试和大人说话。

❱ 发出"ba-ba""ma-ma"的声音，但没有所指。

❱ 对简单的语言命令有反应。

认知能力

对什么都充满好奇，但注意力集中时间也短，很快就会从一个活动转移到下一个，喜欢摆弄各种玩具。

❱ 喜欢玩捉迷藏的游戏。

❱ 能找到藏起来的玩具。

❱ 通过摇晃、敲打等方式探索身边的事物。

社会适应能力

出现分离焦虑，特别依恋妈妈，害怕陌生人，会用不同的动作引起人们的注意。

❱ 能分辨出熟悉的人和陌生人。

❱ 懂得大人的面部表情。

宝宝的喂养

7~9 个月的宝宝大都可以吃辅食了，但母乳和配方奶仍是宝宝的主要营养来源。添加辅食时爸爸妈妈要遵循一定的原则和顺序，为宝宝循序渐进地添加食物，从少到多，从细到粗，并慢慢地从流质辅食向固体食物过渡，这样宝宝才会顺利接受。

母乳充足要继续坚持哺乳

虽然这个时期宝宝可以吃一些固体食物，但由于他的消化吸收能力仍然不稳定，所以还是要以奶类为其主要的营养来源。如果这个月龄段母乳分泌仍然很好，妈妈还不时感到奶胀，甚至向外溢奶，是非常好的事情，除了添加一些辅食外，没有必要减少宝宝吃母乳的次数，只要宝宝想吃，就给宝宝吃，不要为了给宝宝加辅食而把母乳浪费掉。妈妈也不要因为已经开始添加辅食，就有意减少喂母乳。

要继续坚持母乳喂养：不必因添加辅食而提前断奶，这时期奶类仍是宝宝的主要营养来源。

过早添加固体辅食弊大于利

宝宝消化道发育不成熟，功能较差，各种消化酶分泌较少，过早添加固体辅食会使消化系统处于"超负荷"的工作状态，增加胃肠道负担，诱发肠蠕动紊乱，引发肠套叠。

宝宝免疫系统脆弱，过早添加固体食物容易引发过敏症状。另外，宝宝消化系统、肾功能尚未健全，过早添加固体食物会增添不必要的负担，添加流质辅食较好。

不要过早添加固体辅食
固体辅食不易被消化吸收，会给宝宝的肠胃造成负担。

每天都让宝宝吃些水果

水果中含有的胡萝卜素、丰富的维生素、不饱和脂肪酸、花青素，这些都是宝宝体内不能缺少的营养素，所以宝宝每天都离不开水果。

长牙期的营养

为了保证长牙期有足够的营养，除了已经添加的米糊、菜汁、果泥外，还可以给宝宝添加含蛋白质的豆类、鱼肉类以及面包、馒头等食物。

鸡蛋羹：鸡蛋羹可以给宝宝补充优质蛋白质，且易于消化。

大米汤：大米汤中含有蛋白质，流质辅食易于吞咽。

苹果泥：水果中富含水分和维生素，可以使宝宝更健康。

？妈妈常问喂养难题

妈妈怎么做，喂养更高效

❤ **No.1** 满 **8** 月龄的宝宝断奶期怎么吃？白天可以让宝宝少吃几次母乳，晚上慢慢让宝宝接受奶瓶和奶嘴。

❤ **No.2** 可以给宝宝吃鸡蛋吗？1 岁前的宝宝尽量不要吃蛋白，蛋黄一定要煮熟煮透，未经煮熟或没有变成固体的蛋黄不如煮熟的蛋黄易于吸收。

❤ **No.3** 宝宝辅食过敏怎么办？流鼻涕、咳嗽还有腹泻等都是过敏的症状，妈妈需要检查一下宝宝吃的东西和自己吃的东西中是否有容易引起过敏的成分。比如，奶制品、蛋类、海鲜、柑橘类水果、小麦、花生、浆果等。

教你给宝宝添加辅食

宝宝半岁以后基本上都可以添加辅食了，爸爸妈妈不仅要学习怎样做辅食更健康美味，还要掌握添加辅食的原则和注意事项，多留意宝宝的反应，如有不适应及时调整宝宝的饮食。

让宝宝尝试各种各样的辅食

宝宝满 7 个月后，应想办法让他多摄入一些新鲜的蔬菜和水果，以补充充足的维生素，特别是叶酸，以防止因叶酸缺乏而造成巨幼细胞性贫血。添加肉类可从容易消化吸收的鱼肉、鸡肉开始，随着宝贝胃肠消化能力的增强，逐渐添加猪肉、牛肉、动物肝等辅食。通过尝试多种不同的辅食，可以使宝宝体味到各种食物的味道。当宝宝对添加的食物做出古怪表情时，妈妈一定要有耐心，不可不耐烦或放弃，应循循善诱，让宝宝慢慢接受，还要让宝宝尽量接触多种口味的食物，这样才更利于宝宝接受新的食物。

看大便，调辅食

添加辅食后，如何观察宝宝，掌握辅食添加情况，继而随时调整辅食的进度和品类呢？观察宝宝的大便就是调整辅食最直接的依据。

宝宝大便不稳定要吃药？ YES or NO

随着辅食添加，宝宝有可能便秘，也有可能腹泻，妈妈要仔细甄别，根据宝宝大便情况调整辅食。平时注意宝宝的饮食卫生，腹部不要受凉。宝宝很多不适都是功能性的，及时调理就可以得到恢复，不要动不动就看病吃药。

正常大便

母乳喂养的宝宝，其大便的颜色呈金黄色软状。

人工喂养的宝宝，其大便呈浅黄色且发干。

TIPS

开始添加泥状食物时，要稍稀一些，以免宝宝不爱吃。稀一些的食物也方便宝宝吞咽。

不正常的大便

臭味很重：这是对蛋白质消化不好。

有大量奶瓣：是由于未消化完全的脂肪与钙或镁化合而成的皂块。

大便发散、不成形：要考虑是否辅食量加多了或辅食不够软烂，影响了消化吸收。

粪便呈深绿色黏液状：多发生在人工喂养的宝宝，表示供奶不足，宝宝处于半饥饿状态，需加喂米汤、米粥等。

大便中出现黏液、脓血，大便的次数增多，大便稀薄如水：说明宝宝可能吃了不卫生或变质的食物，有可能患了肠炎、痢疾等肠道疾病，需就医。

辅食添加原则

宝宝吃辅食时，要有一个慢慢适应的过程，否则容易出现消化不良、拉肚子、过敏等一系列症状。

从少量到多量。如蛋黄先从 1/8 个开始，再到 1/4 个，最后到 1/2 个，逐步增加添加量。开始添加的食物可以每天吃 1 次，再每天吃 2 次，这样逐渐增加吃的次数。

由稀到稠，逐渐添加。如米汤→稀粥→米糊→稠粥→软饭。

由细到粗。如菜汁→菜泥→碎菜→菜叶片→菜茎。

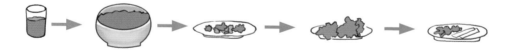

从植物性食物到动物性食物。如谷类→蔬菜、水果→蛋→鱼、肉。

宝宝辅食食谱

大米绿豆汤

原料：大米、绿豆各适量。

做法：① 将大米、绿豆淘洗干净，加适量清水煮成粥。② 待粥温后取米粥上的清液 30~40 毫升（注意撇掉绿豆的皮），喂宝宝即可。

草莓藕粉

原料：草莓、藕粉各 20 克。

做法：① 藕粉加适量水调匀，用小火慢慢熬煮，边熬边搅动，熬至透明。② 将草莓洗净，切成块，放入搅拌机中，加水打匀，滤出汁。将草莓汁倒入藕粉中调匀即可。

土豆苹果糊

原料：土豆 20 克，苹果 1 个，鸡汤适量。

做法：① 土豆和苹果去皮。② 土豆蒸熟后捣成土豆泥，苹果用搅拌机打成泥状。③ 将土豆泥倒入鸡汤锅中煮开。④ 在苹果泥中加入适量水，用另外的锅煮；煮至稀粥样时关火，将苹果糊倒在土豆泥上。

西红柿猪肝泥

原料：猪肝、面粉各 50 克，西红柿 1 个。

做法：① 猪肝洗净、浸泡后煮熟，切成碎粒。② 西红柿洗净，放在水中煮软，捞起后去皮，压成泥状，加入猪肝粒、面粉，搅拌成泥糊状，蒸熟即可。

山药粥

原料：山药 20 克，大米 30 克。

做法：① 山药洗净，去皮，切小块，放入锅中煮 10 分钟，捞出并捣成泥。② 大米洗净后，泡 30 分钟；将大米放入锅内，加水并用大火煮沸，转小火慢煮，再将山药泥放入，一同煮至米熟即可。

香菇苹果豆腐羹

原料：苹果 1/3 个，香菇 1 朵，豆腐 50 克，淀粉适量。

做法：① 香菇洗净泡软后切碎；苹果洗净，去皮，切成块。② 与豆腐一起煮熟煮烂，用淀粉勾芡，制成豆腐羹，凉温后喂给宝宝即可。

菠菜米糊

原料：米粉 10 克，菠菜 20 克。

做法：① 在米粉中加入水，搅成糊，放入锅中，大火煮 5 分钟。② 菠菜洗净，切成碎；与米粉共煮，煮至菠菜软烂即可。

阳光翠绿粥

原料：菠菜 40 克，鸡蛋 1 个，米饭 100 克。

做法：① 菠菜洗净切小段，加少量水熬成糊状，再压成泥状。② 鸡蛋煮熟取蛋黄，压成蛋黄泥。③ 米饭加水熬成稀饭，将菠菜泥与蛋黄泥拌入即可。

宝宝护理要点

宝宝已经学会翻身、爬行，有的宝宝也可以扶着床边走了，所以日常看护要小心，以防宝宝磕着、碰着。宝宝的小手也更灵活了，会尝试着用手拿各种东西，为保证安全，家人要把危险物品放到宝宝拿不到的地方。

教宝宝学爬行

宝宝自由移动地手膝爬行可不是一蹴而就的事情，需要爸爸妈妈掌握一定的技巧和方法，帮助宝宝进行练习，这样才会让宝宝爬出健康、爬出智慧来。

这样教宝宝学爬行

训练爬行时，先让宝宝趴下，成俯卧位，把头抬起，用手把身体撑起来。妈妈在前面鼓励宝宝向前爬，爸爸则轻轻推动宝宝的双脚。爸爸妈妈要注意配合，拉左手的时候推右脚，拉右手的时候推左脚，让宝宝的四肢被动协调起来。

在训练宝宝爬行时，也可在他面前放些会动、有趣的玩具，如不倒翁、会唱歌的娃娃、电动汽车等，以提高宝宝的兴趣，启发引逗宝宝爬行。

如果宝宝俯卧时只会把头仰起，上肢的力量不能把自己的身体撑起来，胸和腰部不能抬高，腹部不能离床，父母可以用毛巾将宝宝的胸部、腹部兜住，然后提起毛巾，像拎着一只小螃蟹一样，使宝宝胸部、腹部离开床面，全身重量落在手和膝上。

在宝宝前面放些玩具
宝宝爬的时候在他面前放一些有趣的玩具可以吸引宝宝注意力，引逗他爬过去。

给宝宝准备一双合适的鞋

宝宝生长迅速，转眼间已经开始学爬、扶站、练习行走了，最开始练习行走的时候，不一定要穿鞋子，让宝宝光着脚，在安全平整的地面上走动，让孩子感受接触到地面的感觉，是非常重要的。等宝宝走得比较稳，经常一起外出的时候，这时为他准备一双舒服合适的鞋子就非常有必要了。宝宝的鞋以柔软、透气性好的鞋面为宜，鞋底应有一定的硬度。最好鞋的前 1/3 可弯曲；后 2/3 稍硬，不易弯曲。鞋帮要稍高一些，后帮紧贴脚踝，使脚踝不左右摆动。要为宝宝及时更换新鞋，一般 3 个月更换 1 次为宜。

不要过早学走路

宝宝的双腿刚刚能在扶持下稳稳地站起来，有些心急的妈妈就开始让宝宝学习走路了。但超出宝宝自然规律的过早练习，可能会给宝宝造成难以逆转的伤害。宝宝一般在 1 岁左右进入行走的敏感期，这是生长发育最适合开始走路的时段。如果在宝宝七八个月时就强迫他练习走路，很容易形成 O 型腿或 X 型腿。

给宝宝选一双舒服的小鞋：宝宝的鞋要柔软、透气，鞋底不要过软。

给宝宝泡泡脚：让宝宝双脚完全浸入水中，保持不动，体会温水造成的脚部血流加快的感觉，产生轻松舒适的体验。

？妈妈常问护理难题

攻克护理难题，宝宝更健康

♥ **No.1 宝宝总吃手指怎么办？** 转移宝宝的注意力，多让宝宝玩会儿玩具，还可以引导宝宝动动小手，做手指游戏。

♥ **No.2 宝宝排尿时哭闹怎么办？** 宝宝的尿浑浊，特别是女宝宝，排尿时哭闹，可能是患了尿道炎，要及时到医院化验尿常规。

♥ **No.3 宝宝干呕正常吗？** 宝宝流口水过多、吃手指等都会引起干呕，只要宝宝没有其他异常反应，干呕过后还是乐于玩耍就没关系，不用治疗。

教宝宝自己吃饭

现在宝宝有了很强的独立意识，总想不依靠妈妈的帮助，自己摆弄餐具吃饭。这是宝宝独立的开端，爸爸妈妈千万不要错过这个训练宝宝自己吃饭的大好时机。

宝宝饭前要洗手

每次吃饭前，要把宝宝的小手洗干净，让宝宝坐在专门的餐椅上，并给宝宝戴上围嘴。可准备两套小碗和小勺，一套宝宝自己拿着，一套妈妈拿着，边吃边喂。

鼓励宝宝自己动手

9个月的宝宝总想自己动手，因此可以手把手教宝宝自己吃饭。父母要与宝宝共持勺，先让宝宝拿着勺，然后父母帮助把饭放在勺子上，让宝宝自己把饭送入口中，但更多的是由父母帮助把饭喂入宝宝口中。

帮助宝宝更好地吃饭

妈妈要充分鼓励和提供便利条件，如形成规律的进餐时间，准备专门的餐具、围嘴、小饭桌，在宝宝需要协助时给予帮助，保证就餐安全和饭后清理。

不要为宝宝提供不安全食品，如果冻、整个坚果、大块的芹菜或生胡萝卜、整粒葡萄等。多带宝宝做五指抓、二指捏、三指拿的练习，使宝宝小手更灵活、准确和协调，为吃饭技能的掌握做准备。不要因为宝宝做不好而制止他自己吃饭。

TIPS
爸爸妈妈在烹调食物时做到色、香、味俱全，软、烂适宜，便于宝宝咀嚼和吞咽。

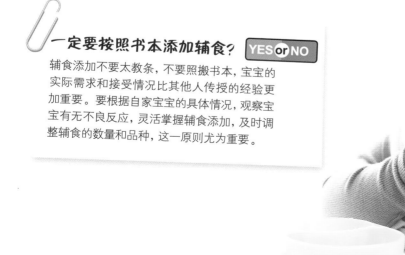

一定要按照书本添加辅食？ YES or NO

辅食添加不要太教条，不要照搬书本，宝宝的实际需求和接受情况比其他人传授的经验更加重要。要根据自家宝宝的具体情况，观察宝宝有无不良反应，灵活掌握辅食添加，及时调整辅食的数量和品种，这一原则尤为重要。

给宝宝示范如何咀嚼食物

让宝宝练习咀嚼，可以促进他的乳牙萌出。可是一开始宝宝只会吞咽，那如何才能让宝宝学会咀嚼呢？妈妈们不用着急，只要做好导师，亲自为宝宝示范如何咀嚼食物，宝宝会模仿你的动作，几次下来，宝宝就学会咀嚼了。方法为：在宝宝拿着固体食物放入口中的同时，妈妈自己也将食物放到嘴里，做出夸张的咀嚼动作，宝宝看到了妈妈的样子，自然会去模仿。

图说育儿

辅食器皿大搜罗

宝宝已经长牙了，开始吃辅食，妈妈肯定想为宝宝准备营养美味的辅食，做辅食的器皿也很重要，一定要选对。

小勺。要给宝宝选择专用的软勺，这种软勺勺柄长，勺子质地较软，抓用方便，适合小宝宝使用。

宝宝用研磨器。专门给宝宝做辅食用的，可以用来碾碎食物，宝宝一次吃得较少，用研磨器非常方便。

筛子。给宝宝做果汁时，过滤果汁使用的工具，是给刚接触辅食的宝宝做果汁时必备的工具。

果汁机。给宝宝榨果汁用的机器，榨汁方便，也不会造成水果营养成分的损失，非常适合给宝宝做辅食用。

给宝宝喂药

半岁以后，有的宝宝开始停止母乳喂养，接触外界的人、事物也增加，出现各种"小问题"的概率也增加，难免会有一些小病小痛，家里准备一些常用药，可以解父母的燃眉之急。而且一些小外伤、小感冒，只要少用一些药，再多加护理就可恢复，也免去了去医院挂号排队的麻烦。给宝宝喂药也有许多要注意的地方，千万不可大意。

选好药，才能让宝宝配合吃药

宝宝吃药不同于成年人。宝宝吞咽能力差，又不懂事，喂药时很难与家人配合。因此，为宝宝选药不但要对症，还要选择合适的剂型，这样宝宝才能顺利接受。

TIPS
宝宝用药需要专业医生做特别考量，不要用大人药品直接喂，毕竟宝宝不是缩小版的大人。

糖浆剂：糖浆剂中的糖和芳香剂能掩盖一些药物的苦、咸等不适味道，一般易于被宝宝接受。比如，布洛芬悬液、抗过敏悬液等。要注意糖浆剂打开后不宜久存，以防变质。

冲剂：冲剂是药物与适宜的辅料制成的干燥颗粒状制剂。一般不含糖，常加入调味剂，如退热冲剂等。

YES or NO

可以把药物放到牛奶中吗？

各种药物一般建议单独口服，如果需要稀释的话，建议用温开水稀释。实在没办法的情况下，一般无特殊情况，也可以加入牛奶中，但要参考具体说明书或遵医嘱。

怎样给宝宝喂药

"良药苦口"，年轻的爸爸妈妈在给宝宝喂药时，常常手忙脚乱，束手无策。到底该怎样给宝宝喂药呢?

1. 按医嘱，将适量的药片或药水放置勺内，用温开水调匀。

2. 喂药时将宝宝抱于怀中，托起头部成半卧位。

3. 用左手拇指、食指轻捏宝宝双侧颊部，迫使宝宝张嘴。

4. 然后用小勺将药物慢慢倒入宝宝嘴里。

图说育儿

给宝宝准备一个小药箱

对有宝宝的家庭而言，宝宝的健康是第一要事。如果为宝宝准备一个小药箱，并配备一些药物和医疗器械，就可以应急，以防万一。

温度计。家中可以常备一两支温度计，感觉宝宝体温异常时就量一量。

绷带。宝宝活动量越来越多，难免磕着碰着。出血了，绷带就派上用场了。

药物。家里常备一些退热药、口服补液盐Ⅲ、抗过敏药等，以备不时之需。

消毒棉。宝宝的眼、耳、口、鼻护理，或宝宝破皮受伤都需要消毒棉。

宝宝睡好觉

随着宝宝的长大，宝宝的睡眠变得有规律了，晚上醒的次数少了，可以睡长觉。爸爸妈妈要注意培养宝宝睡眠的好习惯。现在宝宝已经能熟练翻身了，并学会了爬行，睡觉时要防止他掉下床。

建立良好的睡眠习惯

睡眠好的宝宝，夜间已经可以睡长觉了。如果宝宝夜间偶尔醒来，妈妈不要跟宝宝玩，以免打破好的睡眠习惯。此时妈妈可以给宝宝放上一段舒缓轻柔的音乐，声音要低一点，慢慢哄宝宝入睡，待宝宝睡着后再把音乐关掉。

睡前让宝宝听听音乐：宝宝睡觉前让他听舒缓悠扬的音乐，有助于宝宝入眠。

统一睡前"程序"

养成一套良好的睡前"程序"，可以帮助宝宝安然入睡。睡前"程序"可以包括洗澡、抚触、喂奶、灯光放暗、播放轻音乐等。试着每天重复一样的"程序"：喂奶、洗澡、穿睡衣、做游戏，读书、唱歌，或听音乐。然后，把宝宝放到床上，让他睡觉，这是引导宝宝入睡的好方法。

睡床护栏防止宝宝掉下床

宝宝现在可以熟练地翻身了，最常见的"危险事故"就是宝宝从床上掉下来，让大人们防不胜防。绝对不能在床边放置熨斗、暖水瓶之类的物品。因为宝宝从床上摔到地上时，即使碰到地面也不会有什么严重后果，但是碰到金属器具伤了脸，很可能就形成瘢痕，造成终生的遗憾。可以给宝宝的床安上护栏，能够避免宝宝掉下床发生意外。

宝宝的小床要安装护栏
宝宝会翻身了，婴儿床安上护栏可以防止宝宝掉下床。

培养宝宝安睡一整夜

事实上，宝宝到底能不能睡上一整夜，取决于他有没有养成良好的睡眠习惯和睡眠规律，爸爸妈妈要学会让宝宝安睡一整夜的方法。

尊重宝宝自身的"生物钟"

宝宝的身体本身就有自己的规律性，知道何时睡觉何时醒来，这就是"生物钟"。新手爸妈要做的就是了解宝宝自身的规律并根据具体的季节变化，制订适合宝宝的活动日程。如果没有什么特别的事情，宝宝的睡觉和起床时间最好由宝宝自己决定。"日出而作，日落而息"，宝宝喜欢遵循大自然的安排。

吃饱了再睡觉

不要让宝宝睡眠中感到饥饿，睡前半小时应让宝宝吃饱，可在晚餐时吃一些食物，如米糊、米粥等。但也不要过饱，否则同样会影响宝宝睡眠质量。

熟悉自己的床

几乎所有的宝宝都会在夜间醒来几次。通常，宝宝自己能够重新进入熟睡状态。但是，如果每天晚上宝宝完全入睡前都需要喂奶或者摇晃，那么他将很难在没有这些帮助时自己重新入睡。所以，妈妈在宝宝完全入睡前就应该把他放到床上，这样宝宝入睡前的最后回忆是睡觉的床，而不是妈妈的怀抱或奶瓶。

？妈妈常问睡觉难题

怎样让宝宝睡得更好

♥**No.1** 宝宝夜间撩衣蹬被是怎么回事？宝宝夜里翻来覆去、撩开衣服和被子，如果还有口唇发红、手脚心发热的情况，可能是阴虚肺热所致，预示肺部的问题。

♥**No.2** 宝宝趴着睡觉正常吗？喜欢趴着睡的宝宝大多是感觉这样睡比较舒服，而不是有什么疾病。宝宝也不会整个晚上都采取趴着睡的姿势，会不断变换睡姿，这些都是正常的。

♥**No.3** 宝宝睡前哭闹可以让他含着安抚奶嘴吗？这会影响宝宝牙床的正常发育及口腔卫生；容易导致宝宝呼吸不畅，影响睡眠质量，甚至可能引发窒息。

宝宝睡得好才更健康

宝宝白天的睡眠时间缩短，夜间睡眠时间相对延长，这段时间要培养宝宝的睡眠习惯。良好的睡眠有明显的益智作用，能够促进宝宝的生长发育，帮助宝宝存储能量。

影响宝宝睡眠的因素

宝宝缺钙：缺钙、血钙降低，引起大脑神经兴奋性增高，导致宝宝夜醒、睡不安稳。爸爸妈妈可以给宝宝补充维生素 D，适当接受早上或傍晚的阳光散射，有利于钙磷吸收代谢。

宝宝穿得太多：爸爸妈妈常常会犯的一个错误就是，给宝宝穿得太多，导致宝宝太热，而宝宝自身散热能力差，就会出现烦躁不安，不能安睡。

宝宝腹胀：睡前吃得过饱，吃了难以消化的食物，或喝奶后没有打嗝排气，宝宝极有可能因腹胀而醒过来。多给宝宝做按摩，消除宝宝积食可解决这一问题。

白天太兴奋或环境变化：宝宝的睡眠不好，可能与他白天太兴奋或生活变化有关，如出门、睡眠规律改变等。白天睡得太多也会影响宝宝夜晚睡眠。

出牙或身体不适：宝宝出牙期间，会有一些疼痛和痒痒，宝宝往往会有睡不安稳的现象。宝宝生病了，睡眠也会不安稳，爸爸妈妈要注意分析是什么原因导致的。

大脑神经发育不成熟：宝宝的大脑神经系统尚处于发育阶段，还不成熟，不能自己建立规律的作息。

宝宝不好好睡这样办

这个阶段，有的宝宝睡眠不安稳，有的宝宝不愿单独入睡，有的宝宝大半夜还

> **TIPS**
> 培养宝宝自己入睡的习惯，家长不要在宝宝睡前给他太多的关照，以免宝宝形成依赖。

宝宝在睡眠中抽搐正常吗？ YES or NO

宝宝常在睡眠中莫名其妙地抽搐，这是因为宝宝的神经系统发育还不完全，神经内的信息传递不够准确和灵敏，常常会四散传递，受到外界的声音和碰撞刺激后，刺激波及由大脑控制的所有神经纤维，引起胳膊和腿的动作和抖动，所以宝宝这种"一惊一乍"是正常的。这时候，妈妈只要轻轻按住宝宝身体的任何一个部位或轻声安慰，他就会立刻安静下来。

要妈妈陪着玩耍。面对种种睡眠问题，爸爸妈妈要进行正确的引导，让宝宝睡个好觉。

1. 对睡觉不安稳的宝宝，爸爸妈妈可轻拍宝宝的背，让宝宝入睡，尽量避免摇晃宝宝。

2. 对不愿入睡而哭泣的宝宝，爸妈可以坐在他的床边，握着他的小手，直到他入睡，以后再慢慢缩短停留时间，让宝宝慢慢适应单独入睡。

3. 对大半夜还要妈妈陪着玩的宝宝，需要妈妈进行调整，采取的调整办法也要注意让宝宝慢慢适应，逐渐让宝宝养成良好的睡眠习惯。

图说
育儿

让宝宝睡得更舒服

宝宝睡得好才能长得壮，现在小宝宝晚上已经能睡长觉了，怎样才能让他睡得更舒服呢？

1. 给宝宝挑选一个柔软透气、高度适中的枕头。

2. 小床不要离爸爸妈妈太远，安上护栏更安全。

3. 宝宝的床上不要有玩具，以免睡前宝宝越玩越精神。

4. 不要给宝宝盖太厚的被子，以免晚上出汗不舒服。

宝宝常见不适及意外情况应对

7~9 个月的宝宝已经会爬了，活动范围更广，所以一定要注意家庭生活环境的清洁，以免宝宝感染细菌，出现疾病。同时爸爸妈妈也要做好防护，以免宝宝在活动时意外受伤。

幼儿急疹

幼儿急疹又称玫瑰疹，是婴幼儿时期常见的急性发热出疹性疾病。常发于春秋两季，6 个月到 1 岁的宝宝最为多见。

幼儿急疹的症状

幼儿急疹大多起病很急，患儿突然高热达 39℃以上，但精神状态良好，高热持续 3~5 天，多数为 3 天，体温自然骤降，其他症状随体温下降而好转。在开始退热或体温下降后宝宝出现皮疹，皮疹最先见于颈部和躯干部位，很快波及全身，以中心多周边少的向心性皮疹为主要特点，经过 1~2 天就可以完全消退。

幼儿急疹的护理

1. 宝宝体温升高，超过 37.5℃的时候，可以适当给宝宝增加液体摄入（牛奶、水都可以），不要急着吃退热药；超过 38.2℃的时候，如果宝宝有不舒服的表现（哭闹、烦躁），可以考虑开始使用退热药了。

2. 多喝白开水、鲜榨果汁等，以补充水分，增加体液量能够促进排汗。

3. 以流质和半流质的食物为主，食物应富含热量和适量蛋白质，忌食生冷油腻的食物。

4. 经常用温水擦洗身体，保持皮肤的清洁。

5. 宝宝生病时，要让他适当休息，尽量少去户外活动，注意隔离，避免交叉感染。发热时，要多喝水，吃容易消化的食物，适当补充 B 族维生素和维生素 C 等。

6. 宝宝穿的衣服、盖的被子不要太多、太厚，保持室内空气流通，注意温度和湿度适宜，避免过冷或过热。

7. 当宝宝高热不退，精神差，出现惊厥、频繁呕吐、脱水等症状时，要及时带他到医院就诊，以免出现其他并发症状。

适当多喝一些果蔬汁
给宝宝喝一些果汁或蔬菜汁有利于补充维生素 C，提高宝宝的身体抵抗力。

干呕

7~9 个月左右宝宝可能会出现干呕，许多爸爸妈妈都很担心，宝宝是不是生病了？

宝宝干呕很正常

宝宝出牙时口水增多，过多的口水没来得及吞咽噎到宝宝，会出现干呕；如果宝宝爱吃手，可能会把手指伸到嘴里，刺激软腭会发生干呕。只要宝宝没有其他异常，干呕过后还是高兴玩耍就不用治疗。

跌落、掉床

7~9 个月的宝宝已经会爬了，宝宝活泼好动到处爬，可能会发生跌倒、跌落或掉床。如果只是偶尔的跌落，宝宝哭几声就又正常地玩、吃饭和睡觉，基本不用担心。但如果宝宝出现昏迷、惊厥、呕吐、出血、手脚不能动等症状，要立即就医。

做好紧急处理

1. 如果出现昏迷不醒、抽风、呕吐不止的症状，注意及时就诊。

2. 如果宝宝呕吐时，一定要侧躺，以防呕吐物堵塞气管。

3. 如果摔伤出血，先用干净的干毛巾按住伤口止血，再及时就医。

注意事后观察

1. 如果摔伤较重，注意观察情况，避免过度运动，并观察睡觉情况。

2. 如果当时没什么严重情况，但过后宝宝全身无力、发呆、脸色不好、经常呕吐时，需要马上带宝宝到医院脑外科进行检查。

？ 妈妈常问疾病难题

如何应对宝宝的不适症状

❤ **NO.1** 为什么半岁以后，宝宝总是生病？半岁以后，由于宝宝体内来自于母体的抗体水平逐渐下降，而其自身合成抗体的能力又较弱，因此，宝宝容易生病。

❤ **NO.2** 宝宝身体有时颤抖正常吗？这是正常的生理现象，因为宝宝的大脑组织还未完全发育成熟，控制肌肉的功能尚不健全。随着大脑功能的逐渐完善，这种不自主的抖动会慢慢消失。

❤ **NO.3** 宝宝腹泻，可以自愈吗？如果宝宝是非感染性的腹泻，只是因为吃得不规律或突然改变食物品种导致的，只要调整宝宝的饮食，停止吃不适合的食物，多饮水，大部分宝宝都可以自愈。

宝宝好性格、好习惯培养

7~9 个月的宝宝认知能力越来越强，已经可以看懂父母的面部表情了，逐渐形成自己的个性，面对自己不喜欢的东西知道拒绝了，宝宝有时可能会任性、胡闹，父母要进行合理引导。宝宝的分离焦虑程度加深，可能会比较黏人，害怕陌生人，父母要采取正确的应对方式。

宝宝耍脾气怎么办

宝宝有时可能会耍脾气。当你喂他辅食时，他可能不喜欢吃，会用手打翻你手上的勺子或饭碗；你给他喂奶的时候，他会打挺哭闹。诸如此类的事情，在生活中会经常上演，并且无论你怎么哄，都不能令他平息情绪。其实，这未必是件坏事。这说明宝宝是有自己的主见的，作为父母，不能一味地认为，宝宝这样是不对的，而应正确引导。

遇到宝宝耍脾气这种情况，爸爸妈妈首先要做的是平息自己的怒火，不要把自己的愤怒发泄在宝宝身上；其次，要跟宝宝耐心讲道理，不能一味指责；最后，及时抚慰正在发脾气的宝宝，引导宝宝正确表达自己的意见。爸爸妈妈应该让宝宝明白，即便有不满或不喜欢的事，也不能只是耍脾气，渐渐地，宝宝自然会学会怎么表达自己的小情绪。

不要纵容宝宝的任性行为

宝宝如果过于执着于某一件事，父母不能采取压制的措施，这样只会让宝宝更加执着于此，但也不可以纵容宝宝过于任性的行为。爸爸妈妈应该在保证宝宝安全的前提下，给予宝宝积极的支持和保护。父母应该在日常生活中给予宝宝足够的尊重，认真倾听宝宝的需要；耐心给宝宝讲道理，让他知道什么该做，什么不该做；对宝宝不合理的要求，父母要对宝宝说"不"，但要注意语气和方式，让宝宝明白，不是所有要求都是被允许的，也不是所有事情都可以通过哭闹来解决的。

宝宝耍脾气不能一味指责
宝宝任性、哭闹时，父母要耐心安慰宝宝，和他讲道理，要注意用合理的方式引导宝宝，不能一味地指责他。

搞定"黏人"的宝宝

7~9 个月的宝宝越来越黏着妈妈了，父母要正确引导宝宝，减少宝宝的这种不适，这对宝宝独立个性的养成意义重大。

爸爸妈妈要帮助宝宝建立良好的适应性和沟通、交流能力。爸爸妈妈要适当与宝宝分离，要清楚这不是不爱宝宝，而是为了让宝宝能够独立。虽然宝宝现在还不懂，但如果常和他说话，他会明白你的意思。另外，也可以通过做游戏的方式慢慢让宝宝习惯分离，不要因为宝宝黏人而责怪他。

温柔对待宝宝恋物

宝宝对玩具或物品特别依恋，若从他手中夺走，他会异常愤怒并哭闹，这是宝宝恋物的表现。

如果发现宝宝有一些"恋物"了，不要惊慌，要慢慢纠正宝宝的"恋物"情结。尽量多陪宝宝，让宝宝体会到爸妈的爱；睡前给宝宝讲个小故事，减少宝宝的恐惧；在给宝宝准备玩具和生活用品的时候，可以多准备几件交替使用，这样宝宝就不会轻易对这些物品产生无法割舍的感情。

多陪伴宝宝：爸爸妈妈要尽可能多陪伴宝宝，和他一起做游戏，能够让宝宝更有安全感，有利于纠正宝宝的恋物情结。

多准备一些玩具：为宝宝多准备几件不同的玩具，这样宝宝就不会对某一件玩具产生依恋的情感。

? 妈妈常问性格培养难题

怎样让宝宝养成好性格

♥ **No.1** 宝宝太黏人会不会影响交际能力？面对黏人的宝宝，爸爸妈妈要合理进行引导，适当与宝宝分离，告诉宝宝暂时离开他的理由。只要做好疏导，宝宝慢慢就不那么黏人了。

♥ **No.2** 宝宝太任性，怎么哄也不行怎么办？宝宝任性哭闹时，父母要控制好自己的情绪，耐心安抚宝宝，理解宝宝的需求，告诉他什么不该做。

♥ **No.3** 如何缓解分离焦虑？离开前，妈妈要充满慈爱，简短、积极地告别，拥抱亲吻宝宝。妈妈下班后可以通过大量的爱抚、交流、游戏，来缓解宝宝分离产生的焦虑感。

第五章 10~12月

　　时间过得飞快，宝宝已经快满1周岁啦！大部分10~12个月的宝宝开始断母乳了，能吃的食物越来越多，爸爸妈妈要注意为宝宝补充营养。这时候的宝宝会叫"爸爸、妈妈"了，可以听懂大人的话了，运动能力更强了，已经可以慢慢走动了，宝宝快长大啦！虽然宝宝快满周岁了，但他还没有什么危险意识，爸爸妈妈在喂养和护理宝宝时仍不可大意，要注意护理细节，多与宝宝交流、做游戏，让宝宝健康、快乐地成长。

五大能力让你知道宝宝能做什么

宝宝马上就满 1 周岁了，已经能够熟练地爬来爬去并站立起来，开始学步。爸爸妈妈要注意合理引导宝宝学走路，同时注意看护，以免宝宝摔倒。宝宝词汇量越来越丰富，认知能力不断增强。来看一下这个阶段的宝宝掌握了哪些技能吧。

10~12 月宝宝成长概述

10~12 月的宝宝开始学走路，家长要注意不要把宝宝长时间放到学步车里，这样不利于锻炼宝宝腿部肌肉。

宝宝的词汇量快速增长，爸爸妈妈可以多教给他一些经常用到的词语。宝宝手眼协调能力越来越强，已经成为一个眼观六路、耳听八方的小机灵鬼了，开始喜欢和别的小朋友玩，社交能力越来越强。

大运动

宝宝扶着其他物体可以站立起来并逐渐站稳，扶着栏杆或大人拉着小手可以向前走；能够自己坐下，坐着时可以自由地左右转动身体。

❯ 拉住栏杆站起身。

❯ 能蹲下取物。

❯ 能推开或拉开较轻的门。

精细运动

手指已经十分灵活了，能熟练地用手指抓东西吃，可以拿着小勺自己吃饭；手眼协调能力越来越强。

❯ 能打开包糖果的纸。

❯ 会握笔画出弯弯曲曲的线条。

宝宝会走了

父母一定要帮宝宝养成正确的行走姿势。

不要制止"聪明"的淘气 YES or NO

宝宝越来越淘气了，什么都想抓一抓，试一试，宝宝的聪明和才智都在淘气中体现出来。妈妈要做的，不是限制宝宝，而是蹲下来，以宝宝的高度查看周围的东西是否危险，给宝宝一个安全的空间，让宝宝尽情玩耍。要知道，越不让宝宝做的事，他越想要去做。

语言交流能力

宝宝会非常清晰地喊爸爸、妈妈，喜欢"咿咿呀呀"地说话和"汪汪""喵喵"地模仿动物叫声，还能一边摇头一边说"不"。

》喜欢模仿听到的声音。

》能用声音表达自己的愿望。

认知能力

知道自己叫什么，听到自己的名字知道应答，能自己翻页看书，能通过彩色画册认识物体。

》喜欢看绘本和画册。

》认识常见物及其名称。

》喜欢涂鸦。

社会适应能力

喜欢和父母一起玩游戏、看图画书，还能意识到他的行为能使爸妈高兴或不安，因此也会想尽办法令爸妈开心。

》准确地表示愤怒、害怕、嫉妒、焦急、同情。

》见到别的小朋友知道打招呼。

宝宝的喂养

10~12 个月的宝宝在喝奶的同时，辅食逐渐丰富了起来，而且宝宝有了独立意识，任何事情都想尝试自己做，吃饭也一样。爸爸妈妈可以放开手，让宝宝去学习，但是要保证宝宝饮食的安全性及全面性。

不用着急断奶

　　1 岁左右的宝宝不用着急断奶，对于宝宝来说，母乳和配方奶仍然是宝宝不可缺少的营养来源。虽然宝宝从辅食中也能摄取营养，但宝宝食量小、吸收的量不足，还无法满足生长发育的需求。

　　母乳或配方奶仍是补充营养的最佳选择。即便辅食添加正常，12 个月的宝宝每天仍要至少喝 2 顿奶，每次保证在 250 毫升，这样才能满足宝宝生长发育的需要。

采用正确的方法断奶

　　首先要减少白天的喂奶次数。可以采取渐减的方式，从每天喂 4 次减少到每天 3 次，等妈妈和宝宝都适应后，再逐渐减少，直到完全断掉母乳。

　　做好宝宝餐，让宝宝逐渐适应一日三餐的饮食规律。

　　宝宝睡觉时，改由爸爸或其他家人陪伴，妈妈避开一会儿。刚开始宝宝肯定要哭闹一番，但他很容易被新鲜事物转移注意力，而且又有爸爸讲故事，唱儿歌，宝宝一会儿就会笑起来。

　　刚开始几天，宝宝半夜里要吃奶，可以喂一些配方奶或水，尽量不要让他重新吃母乳。直到有一天，宝宝睡觉前没怎么闹就乖乖躺下睡了，半夜里也不醒了，断奶就成功了。

做好宝宝餐：断奶时给宝宝变着花样做宝宝餐，引起他的食欲，断奶就会轻松许多。

辅食添加因人而异

10~12 个月的宝宝可以添加软米饭、面条、粥、豆制品、碎菜、碎肉、蛋黄、鱼肉、饼干、馒头片等各种辅食。值得爸爸妈妈注意的是，宝宝和宝宝之间的饮食差异很明显，不要绝对化，也不要去比较，主要看宝宝是否发育正常。如果宝宝的头围、身长、体重增长都在正常范围内，这样的喂养就是成功的喂养。

让宝宝和大人一起吃饭

让宝宝每日三餐和大人一起吃饭，可以刺激宝宝模仿大人的样子练习咀嚼能力。这时宝宝会对大人的食物产生兴趣，妈妈不要因为心软而喂给宝宝，因为对于宝宝来说，大人的饭菜又硬又咸。也不要把饭菜咀嚼后喂给宝宝，这样会将大人口中的细菌带进宝宝体内而引起各种疾病。

妈妈可以在家庭成员吃饭之前先给宝宝吃一部分，然后在家庭成员一起进餐时，让他自己用手抓着去吃他的食物。

用手抓着吃没关系：宝宝喜欢用手抓饭吃也没关系，把他的小手洗干净，给他戴上围嘴。

不要给宝宝塞饭：要等宝宝把嘴里的饭吃完后再接着喂。

❓妈妈常问喂养难题

妈妈怎么做，喂养更高效

❤ **No.1 宝宝吃得越多越好吗？** 宝宝喂养要适度，吃得太多会造成婴儿肥胖，不仅会使宝宝动作笨拙，更会加重身体及脏器的负担，也会影响神经系统发育。

❤ **No.2 宝宝吃饭太慢怎么办？** 给宝宝规定好进餐时间，超过规定时间就要把食物收起来。重复几次，宝宝就会知道吃饭的时候不能拖拖拉拉，而应该在吃饭的时间认真吃饭。

❤ **No.3 宝宝总要追着喂怎么办？** 给宝宝准备专门餐椅，以免宝宝乱跑，不要给宝宝边走边吃的机会，一旦宝宝不吃饭而跑去玩，就把饭收起来，不用担心宝宝饿坏。

让宝宝爱上辅食

10~12 个月的宝宝已经逐渐适应不同口味的固体食物了，接触的辅食更多，难免有时会挑食，不喜欢吃饭。爸爸妈妈别着急，丰富辅食的制作方法，就会让宝宝爱上吃饭。

不喜欢蔬菜的宝宝

宝宝会把吃进去的菠菜、油菜或胡萝卜吐出来。这时，妈妈就要把这些蔬菜做成汤、菜肉包、饺子或蛋卷等让宝宝吃。配成漂亮的颜色，做成有趣的形状，宝宝当然会对这种食物乐此不疲。

不喜欢肉、蛋的宝宝

对于鱼肉、牛肉、鸡肉、猪肉或蛋类等食物，如果宝宝对其中一种或几种非常不喜欢，那就不要强制他吃，试着从其他食物中让宝宝摄取营养。主食的选择，可以是米饭、馒头或者是面条，吃好主食才不会使宝宝缺少热量。

味觉敏感的宝宝

宝宝对食物的好恶更明显，但他也更容易从食物的味道中获得乐趣。最重要的是，妈妈首先要检查自己是不是挑食，如果挑食，就要为宝宝做出榜样，无论什么食物都要津津有味地品尝一遍。

TIPS
如果宝宝讨厌某种食物，可在烹调方式上多换花样，同时注意色彩搭配，引起宝宝食欲。

正确挑选水果

宝宝的饮食中少不了水果，爸爸和妈妈给宝宝挑水果要结合宝宝的情况：宝宝平时易便秘，爸爸妈妈可以自己制作果汁给宝宝口服，比如梨汁、苹果汁，富含山梨醇，非常适合宝宝，是天然的利大便"药物"，纯天然无添加。对于一些带核的水果，爸爸妈妈千万记得去核后才能给宝宝食用。另外要注意任何水果都不可以给宝宝吃太多。

宝宝吃汤泡饭更容易消化？

YES or NO

宝宝初学吃饭，妈妈总觉得宝宝嘴里干，于是给宝宝喝汤，饭几乎是被冲下去的。食物被冲下去，会增大肠胃消化、吸收的工作量，久而久之，消化吸收的功能就会受到影响。汤泡饭中大量的水分，会稀释唾液和胃液，减弱胃消化食物的能力。

图说
育儿

美味辅食推荐

这个阶段的宝宝开始断奶了，添加辅食更重要了。下面几款辅食好吃又好做，妈妈们赶快学着做吧！

黑白粥

原料：大米、小米、黑米、山药、百合各 20 克。

做法：① 大米、小米、黑米淘洗干净；山药去皮，洗净，切丁。② 锅内加适量水，煮开后放大米、小米、黑米，熬煮成粥，再放入山药丁、百合，转小火煮熟即可。

什锦水果粥

原料：苹果半个，香蕉半根，哈密瓜 1 小块，草莓 3 颗，大米适量。

做法：① 大米洗净；苹果洗净，去核，切丁；香蕉、哈密瓜、草莓分别洗净，切丁。②大米加水煮成粥，熟时加入水果丁稍煮即可。

肉松饭

原料：米饭 1 碗，肉松适量，海苔适量。

做法：① 将肉松包入米饭中，将米饭揉搓成圆饭团。② 将海苔搓碎，撒在饭团上即可。

时蔬浓汤

原料：西红柿 1 个，黄豆芽 50 克，土豆 1 个，高汤适量。

做法：① 黄豆芽洗净，切段；土豆、西红柿洗净，切丁。② 高汤加水煮开，放入所有蔬菜，大火煮沸后，转小火，熬至浓稠。

宝宝护理要点

10~12个月的宝宝越来越好动，开始学走路了，有的宝宝可能已经能很熟练地走。在照护此阶段的宝宝时，爸爸妈妈会觉得很累，但只要掌握一些护理要点，细心照护宝宝，会让你觉得越来越顺手。

宝宝学站小练习

物品准备：在与宝宝身高相当的小桌子、小箱子上放上玩具，让宝宝站着玩玩具，借此训练他的耐力及稳定性。

练习准备：妈妈两手扶住宝宝腋下，稍加用力把坐着的宝宝扶起、站立，让宝宝体验一下站的感觉。可以反复训练。

站起来了：当宝宝学站已经有一些基础后，可让宝宝靠着墙站立，背部和臀部贴着墙，脚跟与墙稍稍离开一点，双腿分开站。妈妈可用玩具引逗宝宝，让宝宝晃动身体，增强站立的平衡感。宝宝扶站、靠站一段时间后，妈妈可让宝宝尝试独站。多次训练，一般到了12个月，宝宝就能独自站稳了。

宝宝能站稳了：这一阶段的宝宝在爸爸妈妈的帮助下可以慢慢站起来了，经过反复训练，12个月的宝宝就可以自己站稳了。

教宝宝学走路

扶走：父母可以站在宝宝的后方扶住其腋下，或在前面搀着他的双手向前迈步，练习走。拉手走只能用于练习迈步。

独走：设法创造一个引导宝宝独立迈步的环境，如让宝宝靠墙站好，父母退后两步，伸开双手鼓励宝宝："走过来找妈妈。"当宝宝第一次迈步时，你需要向前迎一下，避免他第一次尝试时摔倒。反复练习，宝宝很快就学会走路了。

练习时间：每天练习时间不宜过长，从5分钟开始，逐渐增加时间到30分钟。总之，应根据自己宝宝的具体情况，灵活掌握时间，不可机械训练。

不要让宝宝一直待在学步车里

很多父母会为宝宝准备学步车。其实，学步车解放的是大人，对于宝宝来说有百害而无一利，它对宝宝运动的发展没有任何益处。

宝宝在学步车内滑来滑去，对于脖颈、腰腿、脚部及全身的协调配合起不到任何锻炼作用。在滑动过程中反而会因为过快过猛失去平衡而摔倒。因此，为了宝宝的健康和安全，不要让宝宝一直待在学步车里。

适当放手利于宝宝的成长

有时候爸爸妈妈的精心呵护反而会制约宝宝的成长。怕宝宝走路摔倒，宝宝吃饭、穿衣，收拾玩具都替他包办，造成宝宝动手能力和自理能力差。当宝宝与小朋友发生争执时，爸爸妈妈挺身而出，为宝宝讨公道，这种看似对宝宝的爱，其实严重影响了宝宝今后社交能力及适应力的提升。正确的做法是放开手，让宝宝自己吃饭，摔倒后自己爬起来，这样能使宝宝更快乐，更有成就感。

远离学步车：宝宝的脚在学步车内悬荡，只能用脚尖踩地，会使宝宝脚后跟跟腱变短，很难平踏在地面上。

不要怕宝宝摔倒：宝宝学走路时难免摔倒，但不要每次都把宝宝扶起来，要让宝宝学会摔倒了自己爬起来。

❓妈妈常问护理难题

宝宝有异常情况怎么办

❤ **No.1 宝宝过胖或过瘦怎么办?** 对于肥胖的宝宝，父母应当控制其零食及甜食量，并多带宝宝运动。体重较轻的宝宝，应去医院查明原因，如果是疾病引起的，应及时治疗；如果是喂养不当，要调整饮食。

❤ **No.2 宝宝用脚尖站着是病吗?** 这是因为宝宝对站立的危险性有了认识，站在柔软不平的地方会不自觉地用脚尖抠着。因此，用脚尖站着不是病。

❤ **No.3 宝宝长牙晚正常吗?** 宝宝长牙的时间因人而异，只要宝宝身体健康没有其他异常，到1周岁时出第1颗乳牙也没关系。

注意宝宝日常生活中的护理细节

宝宝活泼好动，越来越可爱，在爸爸妈妈眼里，自己的宝宝永远是最棒的、完美的。可是宝宝在生活、行动上，有许多事情护理时需要格外注意，爸爸妈妈要注重细节，慢慢引导，宝宝就会越来越棒。

戒除安抚奶嘴

随着宝宝年龄的增长，要逐渐考虑把安抚奶嘴戒除掉了。现在，宝宝如果还离不开安抚奶嘴，不但会影响宝宝的牙齿发育，还可能让宝宝在心理上越来越依赖这个小小的奶嘴。

当宝宝哭闹时，不要用安抚奶嘴堵住他的嘴，应该弄清他需要什么，多抱他，多和他说话，多陪他玩。

如果宝宝的小嘴闲着想吸吮奶嘴，你不妨给他唱一首歌，或者和他一起讲故事，最简单的方法是让他亲亲你。

如果宝宝有含着奶嘴才能睡着的习惯，你可以给他更多的爱和关怀，帮他建立一个新的夜间安睡模式，和他一起享受一整夜美好的睡眠。

> **TIPS**
>
> 在奶嘴上抹辛辣物品，以及处罚或强制手段，只会"欲速则不达"，带来负面效果。

培养良好的生活习惯

从培养良好的进餐习惯开始，给宝宝安排一个固定的座位，养成安静、独立进食的好习惯；给宝宝准备一个喝水训练杯，妈妈要给宝宝做示范，双手握杯，用力吸水或直接往嘴里倒水喝；在房间里辟出一块靠墙的地方，当作宝宝的玩具角，备一个玩具架或多个玩具箱，告诉宝宝把不玩的玩具放进箱子，培养他整理玩具的习惯。

一定要纠正宝宝左撇子？ YES or NO

很多父母会有意识地纠正宝宝的"左撇子"，这是一种误区。人类左右大脑分工不同，左脑调控语言、逻辑、书写及右侧肢体的运动，右脑调控色彩、空间感、节奏和左侧肢体的运动。"左撇子"天生以右脑为优势大脑，强行纠正不利于大脑发育。

宝宝爱玩自己的小鸡鸡怎么办

随着宝宝的成长，他开始渐渐了解自己的身体，加之有些成年人喜欢拿宝宝的小鸡鸡开玩笑，宝宝就很容易养成没事儿就玩小鸡鸡的习惯。面对这种情况，家人首先应杜绝拿宝宝小鸡鸡开玩笑的行为。

如果看到宝宝的小手在玩小鸡鸡，也不要恐慌。因为这么小的宝宝还没有性的概念，玩自己的生殖器，仅仅是因为他对这个器官感兴趣。妈妈可以用玩具或者游戏来转移他的注意力，多陪宝宝玩玩具或做游戏，就能渐渐纠正他玩小鸡鸡的习惯。

图说育儿

宝宝穿衣那些事儿

宝宝越来越大了，有了一定的审美，为宝宝穿衣服时不仅要舒适，还要穿得漂亮，能让宝宝更舒爽的同时建立起自尊和自信。

宝宝衣服的面料以柔软、吸汗而且不起静电的纯棉为主，宝宝已经会走了，活动量越来越大，衣服要兼顾保暖和耐磨等需要。

不会走路的宝宝，穿的衣服应该和大人安静状态下所穿的衣服一样厚。如果宝宝已经会走会跑了，就要比大人少穿一件。

天气变化幅度大的春秋季节里，最好准备一件穿脱方便的马甲，早晚穿着，午间脱掉，以适应一天里较大的温差。

爸爸妈妈可以选择亲子装，外出时和宝宝一起穿上，可以增进亲子感情，也会带来好心情。

宝宝睡好觉

宝宝的睡眠越来越规律了，10~12 个月的宝宝每天需睡 12~14 个小时，白天一般睡 2 次，每次 1.5~2 个小时。爸爸妈妈有规律地安排宝宝睡和醒的时间，是保证良好睡眠的基本方法。

宝宝睡眠有差异很正常

这个阶段的宝宝，睡眠存在个体差异，有的睡眠多一些，有的睡眠少一些。有些宝宝已经建立了一套固定的睡眠规律，每天晚上都能按时睡觉；有的宝宝则不然，如果爸爸妈妈不睡只是哄他睡的话，他很难入睡，一直到爸爸妈妈也要睡觉的时候才肯入睡。有些宝宝晚上睡得早，早上很早就会醒来，自然会影响到爸爸妈妈的睡眠。对于这样的宝宝，如果他不是很早就入睡的话，爸爸妈妈可以晚点哄他入睡。

应对越大越不爱睡觉的宝宝

有些宝宝不愿意上床睡觉，爸爸妈妈这时不妨试试以下方法。

宝宝会不愿意上床睡觉，但是，你还是要坚持你的观点，让宝宝按既定的就寝时间上床睡觉，并尽量让他平静下来。

给宝宝手边放一个他喜欢的玩具，这能帮助他入睡，如果这个时候还在使用安抚奶嘴，就应该帮他戒掉了。

给宝宝一个大娃娃
可以给宝宝准备一个大的娃娃或其他宝宝喜欢的玩具，陪宝宝入眠。

如何安排宝宝白天的睡眠

有的宝宝白天不睡觉，晚上睡得也不多，爸爸和妈妈可以通过以下几个方法帮助宝宝在白天睡觉。

备些书籍和玩具：爸爸妈妈可以给宝宝准备一些他爱看的书籍或喜欢的玩具，在宝宝感到困倦的时候，看上一会儿或玩上一会儿，能够帮助宝宝入睡。

至少有休息时间：如果宝宝白天不愿意睡觉，爸爸妈妈应保证宝宝至少有休息的时间，可以让他听一段音乐，安静一会儿。

兴奋过后不易入睡：宝宝刚玩得很兴奋，或刚闹腾一番，不要希望宝宝能安静地小睡一会儿。给他一点时间，安静下来，看看书或看看电视都可以，然后再睡觉。

床上放本书：宝宝和大人一样，也喜欢在床上看书，然后慢慢就睡着了。妈妈可以在宝宝床头放上一本他喜欢的书。

洗澡、讲故事：爸爸妈妈可在宝宝午睡前，给他洗个热水澡，做些按摩，让宝宝躺在床上，给他讲故事，哄他小睡一会儿。

给宝宝讲故事：宝宝不肯睡觉时讲睡前故事，在父母低缓的声音中宝宝会很快睡着。

听一首和缓的音乐：爸爸妈妈可以在宝宝睡前放一首舒缓的安眠曲，帮宝宝入睡。

? 妈妈常问睡觉难题

怎样让宝宝睡得更好

♥ **No.1** 宝宝分不清白天黑夜怎么办？白天让宝宝多醒着玩耍；晚上要调暗室内光线，创造良好的睡眠环境，让宝宝入睡。夜晚醒来，少抱宝宝，少开灯，让他自然入睡。

♥ **No.2** 宝宝夜惊怎么办？爸爸妈妈要分清楚是什么原因导致的，宝宝太累或白天受到不良刺激都可能引起夜惊。另外，宝宝患中耳炎或湿疹也会出现此种情况，这时需要及时治疗。

♥ **No.3** 睡前可以让宝宝看电视吗？最好不要让宝宝看电视，否则容易使宝宝越来越兴奋，会迟迟不肯睡觉。

宝宝常见不适及意外情况应对

1 岁左右的宝宝已经可以吃许多辅食了，可能什么都想尝一尝，爸爸妈妈要格外留心，不要让宝宝吞食异物。宝宝会走路了，难免磕碰到，家长要做好相应的防护措施。

误吞异物

12 个月是不再吃玩具的月龄了，但宝宝还是喜欢把小东西往嘴里放，特别容易吞食异物，如小扣子、小珠子之类的东西。有一些小东西容易卡住食道、堵住气管等，家人需要特别注意，以防出现危险。

紧急处理：

1. 如果异物卡到喉咙引起窒息，应马上采取紧急自救法：使宝宝面向大人，左手扶着宝宝的头颈部和背部，右手食指和中指在乳头连线进行冲击式按压；使宝宝背向大人，左手扶着宝宝的下颌角和前胸部，右手掌心位置向前用力叩击背部双侧肩胛骨连线中间位置。上述操作连续 3 次，看异物是否排出。

2. 如果不断咳嗽但是能勉强呼吸，要马上送医院急救。

3. 如果吞食了纽扣、电池或别的尖锐的东西，马上送医院。

4. 如果喝了清洁剂、消毒水等对人体有害物质，不要喝其他东西，应马上就医。

说话含糊

宝宝在学说话的时候，显得尤其可爱，这给一家人平添了不少乐趣。不过，也有些爸爸妈妈开始烦恼了，怎么宝宝说话总是不清楚，有些字音总是发不准？

宝宝进入了语言学习阶段，如果舌系带过短，会影响宝宝的发音，要及时发现，及时处理。舌系带过短，即宝宝把舌头伸出来时，舌尖很短，严重者成 W 形。对于许多宝宝来说，这种情形会随着年龄增长而逐渐趋于正常，同时也不影响发音和吐字，但仍建议爸爸妈妈带宝宝去医院小儿口腔科进行检查。

学步时意外受伤

保护宝宝，不让他们意外受伤是爸爸妈妈的职责。因此，宝宝学走路时，爸爸妈妈要确保周边环境的安全性。

家中的窗户和阳台要有护栏，栏杆间隔缝隙要小些，避免宝宝由于好动发生危险。阳台上不要摆放小凳子，容易使宝宝误爬上去，而导致危险。

所有的家具都不应妨碍宝宝的行走，要用软布包住家具的棱角部分，以免宝宝跌倒时撞击受伤。家中的危险品，如剪刀等，要放在宝宝接触不到的地方。

窗户装护栏：最好将家里的窗户安装上护栏，以免宝宝爬上窗台跌落。

铺上地毯：宝宝会走路后喜欢到处跑，可以铺上地毯，宝宝意外摔倒时可以减少疼痛。

❓ 妈妈常问疾病难题

如何应对宝宝的不适症状

💙 **No.1** 宝宝感冒了可以外出活动吗？宝宝感冒时如果不发烧可以到室外活动，多晒晒太阳，呼吸新鲜空气有助于宝宝康复。

💙 **No.2** 宝宝出牙晚可以补钙吗？宝宝非常健康，身体其他部分的发育正常，运动功能也良好，即使还没出牙，也可以放心地等待，切勿乱补钙。

💙 **No.3** 宝宝被鱼刺卡到怎么办？一旦确认宝宝被鱼刺卡到，就近就诊是推荐选择。

宝宝好性格、好习惯培养

10个月以后的宝宝懂得越来越多，个性也越来越明显，有的活泼，有的文静；有的外向，有的内向。每个宝宝都有与众不同的个性特征，不必拿来与其他小朋友比较，爸爸妈妈要尊重宝宝的个性，做好引导和教育。

不要扼杀宝宝的好奇心

现在的宝宝通过爬行、扶物走，能自由移动身体，探索范围逐渐扩大。与此同时，宝宝的大脑皮层也正在发育，使宝宝有条件思考、解决问题和运用相对复杂的思维。爸爸妈妈要让宝宝自由探索事物，不要扼杀宝宝的好奇心。

父母要为宝宝创设一个安全、丰富和让宝宝感兴趣的环境。鼓励宝宝积极探索和观察周围的环境，尝试各种行为试验，在游戏中探索因果关系，模仿、熟悉人的行为和动作。让宝宝游戏、交流、阅读、认识新事物，因为这些都是激发和满足宝宝好奇心的行动。

宝宝已经能理解"不"的含义，"这个不能动""那个有危险"，如果爸爸妈妈总说这些话，让宝宝受到诸多限制，慢慢会磨灭宝宝的好奇心。

爸爸妈妈的正确做法是把不该宝宝碰的东西收起来，让宝宝自由地探索。即便遇到困难，他也不会在意，会自己想办法去克服。在这种探索过程中，宝宝的好奇心得到了满足，自信心也变强，更重要的是他学会了"自娱自乐"。

陪宝宝涂涂画画

妈妈准备好纸和笔，笔以彩色蜡笔为宜。让宝宝坐在小桌前，妈妈先用蜡笔在纸上画出一个娃娃脸或宝宝熟悉的小动物，再涂上各种色彩，以激起宝宝的兴趣。然后把蜡笔交给宝宝，教他用全手握住笔，并扶住宝宝的手在纸上作画。如在鱼的眼睛处点上小点，让他看到"自己会画鱼眼睛了"，宝宝会非常兴奋，然后放开手，让宝宝在纸上任意涂涂点点。无论宝宝涂成什么样，都要夸奖宝宝。

这个游戏可以进一步提高宝宝手指的灵活性，有助于宝宝形成好性格。

多用正面评价对待害羞宝宝

很多宝宝见到陌生人就会紧张，不爱笑，排斥陌生人，这是害羞的表现。宝宝过分害羞，会对今后的人际交往造成影响。此时，爸爸妈妈可以采取正确的方法鼓励宝宝跨过"害羞"障碍。

增强自信，多用正面评价：害羞宝宝特别需要鼓励，爸爸妈妈应该避重就轻，尽量帮宝宝寻找特长，千万不要给宝宝贴上害羞的标签。

给宝宝创造社交机会：对于容易害羞的宝宝，爸爸妈妈应当有意识地多增加其接触外界的机会，比如常去朋友家做客，让宝宝多和其他宝宝一起玩耍。但在这个过程中要注意选择好对象，避免宝宝在活动中经受惊吓、挫折等不良的心理体验。

讲故事，引导宝宝走出害羞误区：爸爸妈妈可以多给宝宝讲故事，如害羞的鸭子勇敢地踏出第一步的故事，引导宝宝战胜害羞。

培养宝宝的良好性格

此时是宝宝和父母形成依恋的最关键期，培养爸爸妈妈与宝宝间的亲密关系，对宝宝良好性格的形成很重要。所以，培养宝宝的良好性格，应建立在父母与宝宝良好的亲子关系基础之上。除此之外，爸爸妈妈还应从如下几个方面来做。

提升宝宝的专注度：让宝宝自己吃饭，让宝宝帮爸爸妈妈递物品，在宝宝自己做事的过程中，提升宝宝的专注度。

提高注意力：宝宝在做事情的时候，爸爸妈妈不要干预他的活动，以免打断宝宝的活动，使他集中注意力干完一件事。

教宝宝要乐观：爸爸妈妈要创造愉快的家庭氛围，让宝宝在挫折中学会坚强，从而锻炼宝宝以乐观的态度面对生活。

具体来说，爸爸妈妈要为宝宝做出榜样，不要在宝宝面前吵架，不要大声训斥宝宝；保持良好的心态，平时不要悲观抑郁，用快乐的气氛感染宝宝；当宝宝情绪激动时，爸爸妈妈要先让宝宝静下来，再耐心地跟他讲道理。

让宝宝多与人交往：爸爸妈妈要多带宝宝到户外活动，鼓励宝宝多与其他小朋友玩耍，提高宝宝的人际交往能力。

良好的行为习惯：爸爸妈妈要帮助宝宝养成良好的行为习惯。当宝宝做一件不应该做的事情时，爸爸妈妈不能只是说"不"，还应该告诉宝宝为什么不能这样做。

第六章 1~2 岁

现在的宝宝成了家里的"捣蛋鬼",只要爸爸妈妈一时疏忽,他就会趁机惹麻烦,家里经常被搞得一团糟。宝宝还喜欢到户外玩耍,喜欢玩沙土,喜欢自己用勺子去舀和用筷子夹东西吃……总之,宝宝的兴趣爱好非常广泛,每天都玩得非常开心。但是现在宝宝还没有是非观念,不知道哪些习惯是好的,哪些习惯是不好的,所以需要爸爸妈妈加以引导,这样才利于宝宝身心健康。

五大能力让你知道宝宝能做什么

这一阶段的宝宝已经能够熟练地走了，也可以小跑，运动能力越来越强，喜欢模仿大人的行为，基本上可以听懂大人的话了。宝宝越长越茁壮，但是爸爸妈妈也不可忽视宝宝的发育情况。下面我们就来看一看 1~2 岁的宝宝都掌握了哪些能力吧。

1~2 岁宝宝成长概述

这个阶段的宝宝已经能熟练走路了，还能够小跑，能爬楼梯，爸爸妈妈要注意看护宝宝，以防他乱跑摔伤。宝宝可以说出断断续续的句子，喜欢模仿大人说话，家长要鼓励宝宝多说。宝宝探索欲更强，对什么都感兴趣，自主性越来越强。这个阶段可以尝试让宝宝自己吃饭和睡觉，能提高宝宝的自理能力。宝宝喜欢和小朋友玩，但可能会出现独占心理，父母要做好疏导。

大运动

宝宝能熟练地走路，可以自由上下楼梯，跑步还不太熟练，不能急转弯，能很快从跑步状态转为静止状态，可以独脚站立。

- 能倒退走。
- 可以双脚跳离地面。
- 知道利用椅子设法拿到够不着的东西。

精细运动

手指十分灵活，能熟练地拿着小勺自己吃饭；喜欢拿着彩笔画来画去，手指可以较熟练地翻书。

- 能自己拿着杯子喝水。
- 能将积木搭起来。

宝宝想要独立了

父母应当放手让宝宝独立去探索，自由成长。

给宝宝独立、自由的空间 **YES or NO**

布置一个能满足宝宝需求的生活空间，安全而富有创意，让宝宝在其中自由地发挥他的才干。外出游玩时，可叮嘱宝宝自己拿上帽子、手套等小物件。去公园时，让宝宝在安全范围内自由活动，父母不必寸步不离地跟着他。不要限制他与小朋友的交往。只有在与小朋友们接触的过程中，宝宝的适应能力才会得到提高，独立意识才会增强。

语言交流能力

开始使用语言和周围人打招呼。如果客人要走了，宝宝会向客人说"再见"；会用小名称呼伙伴；能用语言表达自己的需要，如"喝水""吃苹果"等。

> 说话有音调了。

> 能正确使用代词"你""我"。

认知能力

模仿力更强，喜欢学着大人的样子做事情；能够认识多种颜色，喜欢看画书，辨别形状的能力也随之增强，可以辨别简单的几何形状。

> 喜欢看故事书。

> 会数 5 以内的数。

> 知道 2 比 1 多。

社会适应能力

喜欢和小朋友们一块儿玩，跟在他们屁股后面跑来跑去宝宝会很高兴，但社交时掌握不好分寸，有时会打同伴。

> 喜欢去游乐园玩，见到许多人会兴奋。

> 有嫉妒心,会"吃醋"。

宝宝的喂养

宝宝现在以吃辅食为主，辅食慢慢要变成主食了。在宝宝向一日三餐正常饮食过渡时，会出现挑食、偏食、暴饮暴食、食欲缺乏等各种问题。父母在喂养宝宝时要多下功夫，从小培养他良好的饮食习惯，这样才利于宝宝健康成长。

给宝宝加餐：妈妈可以为宝宝准备营养加餐，注意色、香、味俱全，宝宝就会喜欢吃。

营养加餐解决不爱吃饭问题

有些宝宝因为没有食欲而不爱吃饭，尤其是夏天，一些平时吃饭很好的宝宝也没了胃口。与其在宝宝没有胃口的情况下硬喂宝宝吃饭，还不如做一些色、香、味俱全的营养加餐，来保证宝宝日常所需的营养。

妈妈要挑选能补充宝宝所需热量和营养的食品，在食材和制作方法上多下功夫，变换花样，每天制作不同的营养加餐来吸引宝宝的注意。宝宝只要有了胃口，自然就能正常进食了。

不要盲目给宝宝补充人工营养素

事实上，妈妈只要保证宝宝每日饮食营养均衡，是不用额外补充维生素或矿物质的。如果需要补充人工营养素要遵医嘱，同时还应注意以下两点。

缺什么补什么：断奶期的宝宝最好不要补充复合维生素片。除了宝宝吃起来比较困难外，这种没有明确目的的补充方式，很容易使营养素之间的配比失衡。

不能持续而长期补充营养素：无论是成人还是宝宝，长期补充人工合成的营养素比较容易产生依赖性，也会降低身体吸收天然食物中营养素的能力。可以隔一天吃一次，吃一个月，停吃一段时间再接着补充。体内营养素均衡后，就应停止补充。

不要随意补充人工营养素：给宝宝补充营养要遵从医嘱，不要随意吃复合维生素片等药品。

可以给宝宝吃些点心

这个时期的宝宝活泼好动，能量消耗也多，适当吃些点心以补充身体消耗也是可取的，但应安排在饭后1~2小时或午睡后。有些饭量大的宝宝就尽量不要再吃点心了，可以用适量水果代替。饭量小的宝宝，体重增加不理想，在饭后1~2小时适量吃些点心。许多宝宝体重正常，三餐饭菜吃得很好，但还不能满足时，也可添加点心。

不必追求宝宝每一餐都营养均衡

1岁多的宝宝开始表现出对某种食物的偏好，也许今天吃得很多，明天只吃一点儿。父母不必为此过分担心，也不必刻板地追求每一餐的营养均衡，甚至也不必追求每一天的营养均衡，只要在一周内给宝宝提供尽可能丰富多样的食物，那么宝宝就能够摄取充足的营养。

食物种类要丰富：尽可能为宝宝提供丰富多样的食物，才能满足宝宝生长发育所需的营养。

加餐吃些点心：宝宝加餐可以吃些点心、饼干等，但注意含糖量不要太高。

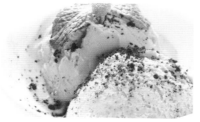

少吃冷饮：冷饮的生产过程不一定卫生，经常吃冷饮容易出现肠胃疾病等，不建议吃太多。

❓妈妈常问喂养难题

妈妈怎么做，喂养更高效

💙 **No.1 宝宝吃饭太少怎么办？** 当宝宝某顿饭吃得少时，父母不要强迫他吃，只要宝宝的饮食在一周内或一段时间内是均衡的就行了。

💙 **No.2 宝宝吃饭不少，为什么不见长呢？** 宝宝能吃饭，但体重不增加可能是因为宝宝活动量过大，睡眠过少，父母要合理调整。也可能是肠道内有寄生虫或患某些慢性病，需及时就医。

💙 **No.3 可以给宝宝吃果冻吗？** 不要让宝宝经常吃果冻，可能引起误吸危险，而且部分果冻生产卫生条件欠佳，不建议食用。

为宝宝挑选合适的零食

零食是指正餐以外的小吃，是宝宝喜欢吃的小食品，如饼干、蛋糕、水果等。宝宝胃容量小，而新陈代谢旺盛，每餐进食后很快被消化，所以要适当补充一些零食。

不吃"垃圾食品"

准备一些健康零食，定时提供给宝宝，从而让宝宝能够具备分辨并抵制"垃圾食品"里人工添加物味道的能力。爸爸妈妈也应以身作则，自己不吃垃圾食品。培养宝宝良好的进餐习惯，饭前不吃零食。

幼儿零食选购有讲究

很多妈妈面对琳琅满目的婴幼儿零食都无从下手，其实只要把握好以下几个原则，做到心中有数就可以了。

天然成分的零食最好：制作的材料取自于新鲜蔬菜、水果及肉蛋类，不加人工色素、防腐剂、乳化剂、调味剂及香味素，即使有甜味也是天然的。

适龄性：宝宝的消化功能是在出生后才逐渐发育完善的，即在不同的阶段胃肠只能适应不同的食物，所以选购时，一定要考虑宝宝的月龄和消化情况。

注意外包装：看包装上的标识是否齐全。按国家标准规定，在外包装上必须标明厂名、厂址、生产日期、保质期、执行标准、商标、净含量、配料表、营养成分表及食用方法等项目，若缺少上述任何一项都不规范。

注意营养元素的全面性：看营养成分表中标明的营养成分是否齐全，含量是否合理，有无对宝宝健康不利的成分。人体的生理构成很复杂，所需的营养成分也是多样化的，一般单一食物不能满足所有营养需要，所以膳食要多样化。

> **TIPS**
> 选购幼儿零食时要注意品牌，尽量选择规模较大、产品质量和服务质量较好的品牌。

可以靠巧克力给宝宝补充能量吗？ YES or NO

巧克力可以补充能量，而且香甜可口，宝宝非常喜欢吃。但巧克力含脂肪、热量较高，蛋白质较少，钙、磷比例也不合适，含糖量也较多，不符合宝宝生长发育的需要。而且吃太多的巧克力会导致食欲低下，影响宝宝的生长发育。所以不要让宝宝过量吃巧克力，只能把巧克力当作偶尔的零食。

适合宝宝的健康零食有哪些

婴幼儿的零食实在太多了，该怎么挑呢？爸爸妈妈在给宝宝挑选零食时一定要选健康的、营养丰富的，远离垃圾食品。

补钙乳制品：酸奶、奶酪是最佳的宝宝零食，富含钙、磷、镁、铜等矿物质和蛋白质、脂肪、维生素 B_1、维生素 B_2。蛋白质经有益菌发酵更利于吸收，乳酸杆菌等健康菌群还能帮助调理宝宝的肠道，应为零食首选。

麦香小面包：2 岁以内的宝宝，宜选用松软的切片吐司面包或奶香小餐包，切成手指大小的条状以便咀嚼；2 岁以上的宝宝，可以选用杂粮面包或者全麦面包，以帮助他们摄入更多的膳食纤维和 B 族维生素。

健康小饮品：豆浆、自制果蔬鲜榨汁、南瓜百合羹、牛奶玉米汁（需要煮熟过滤）、绿豆沙、菊花水、山楂水等，都是优于瓶装饮料的健康饮品。

新鲜水果和蔬菜：切成小块或小片的新鲜黄瓜、苹果、哈密瓜、草莓、西瓜等，富含维生素 C、膳食纤维，可以为宝宝补充多种营养。

宝宝护理要点

随着宝宝的成长，父母在对其生活护理上更要细心，除了保证宝宝的安全外，还要关注他的身体发育情况，并帮助宝宝培养良好的生活习惯。要知道，小时候照顾得越细致、越精心，长大后，父母就会相对更省心、省力一些。

别给宝宝玩手机

让宝宝远离手机：玩手机会影响宝宝大脑发育和视力，家长不要让宝宝玩手机。

　　不知道从什么时候开始，手机也悄悄变成了宝宝的一种玩具。你可能觉得不打电话就不会有辐射，但你不知道的是，人们使用手机时电磁波可以进入大脑。在相同条件下，宝宝受到电磁波的伤害要比成人大，因为他们颅骨薄，大脑吸收的辐射相当于成人的2~4倍。专家认为，手机的电磁场会干扰中枢神经系统的正常功能。宝宝正处于中枢神经系统的形成和发育期，常玩手机肯定会影响大脑的发育，手机辐射还会影响到宝宝的免疫力及视觉神经的良性发展。

宝宝口吃怎么办

　　口吃是一种常见的语言障碍，其中大多数随着年龄的增长可自愈，真正患口吃的宝宝只有1%~4%。口吃的宝宝说话时重复、拖长音，还做各种怪动作，如挤眼、梗脖子、摇头等。当宝宝受到惊吓或家庭不和睦、环境突然改变的时候，都可能出现口吃。

　　家长不要过分注意宝宝的语言缺陷，不要严厉地矫正，这样可以减轻他紧张的心理。在宽松的环境中，让宝宝与家长一起慢慢地、有节奏地说话或朗读，一旦他不口吃，就及时表扬、鼓励他。也可在

与宝宝游戏时来进行语言训练，让他体验说话是件很自然、很轻松的事情，而不是一件可怕的事情，即使有一点口吃也不用在乎，不必紧张。

游戏时多和宝宝对话
如果宝宝有些口吃，家长可在游戏过程中引导宝宝多开口说话。

不宜再让宝宝穿开裆裤

1岁多的宝宝已经能站立并开始学习行走。在这个阶段，白天已很少用尿布了，可是由于宝宝此时步态不稳，最容易在地上爬、地上坐，而地上往往很脏，身体暴露部位易受污物侵染而引发疾病。

随着宝宝的长大，宝宝的活动范围也随之增大，穿开裆裤使臀部裸露在外，前后通风，还会使冷风直接灌入腰腹部和大腿根部。特别是冬天易着凉，造成感冒或腹泻。

宝宝穿开裆裤暴露臀部、外阴部，在宝宝活动时，容易被锐器扎伤或被开水烫伤。此外，女宝宝外阴部由于生理的原因和开裆裤的暴露性容易被感染，患上尿道炎、膀胱炎、泌尿系统感染，男宝宝容易玩弄生殖器而养成不良习惯。

宝宝穿开裆裤时间长还会养成大小便不规律和随地大小便的不良习惯。

训练宝宝自己大小便

训练宝宝自己大小便，首先应选择一个合适的便盆。可以买一个专门为幼儿设计的便盆，这样既舒适，又方便。其次要注意培养宝宝定时大小便的习惯。每天清晨或晚间培养他坐便盆解大便的习惯，避免便秘发生。排便后教宝宝将手洗干净，养成良好的卫生习惯。

给宝宝准备专用便盆：训练宝宝大小便时要给宝宝准备一个大小合适、颜色漂亮的便盆。

❓妈妈常问喂养难题

注意生活细节，宝宝更健康

💚**No.1 什么时候开始训练宝宝如厕？** 如厕训练不能太早，也不要太晚，所以引导宝宝开始上厕所的时机很重要，一般是在2岁左右开始。

💚**No.2 2岁左右的宝宝可以看电视吗？** 2岁左右的宝宝可以看电视，但不要看太多。看电视20~30分钟就应休息一段时间，看完电视后应带宝宝出去玩。

💚**No.3 怎样保护宝宝的牙齿？** 要及时纠正宝宝吸吮橡皮乳头的不良习惯，睡前不要吃饼干、糖果等甜食，教宝宝刷牙、漱口，注意口腔卫生。

宝宝睡好觉

宝宝长到 1 岁多时，家长要有意识地培养宝宝良好作息的习惯，这对宝宝成长很重要。此阶段可以开始尝试让宝宝独立入睡，爸爸妈妈应该尽量少哄睡，不唱催眠曲，让宝宝自然入睡。

睡眠变少了

随着发育，许多宝宝的睡眠时间开始减少。1 岁半以后宝宝会逐渐缩短上午睡觉的时间，慢慢变成上午不睡、午后睡一觉。父母可根据作息制度，将宝宝白天的睡眠安排在午饭后，睡眠时间以 1.5~2 小时为宜。

晚上宜早睡

宝宝宜早睡，早睡有利于身高增长，因为夜间分泌的生长激素较多。让宝宝吃了晚饭后洗澡，然后妈妈带着宝宝在床上播放他喜欢的儿歌或音乐，让宝宝在安静温馨的环境中早早休息。

如果宝宝睡不着，妈妈可以轻轻抚摸他，或轻轻握住宝宝一只手，也可以和着音乐哼唱。有妈妈陪在身边，宝宝会很有安全感。如果宝宝还是很想玩，不妨留一盏小灯，让宝宝一个人在床上玩，妈妈假装睡觉，这样宝宝玩了一会儿觉得没有意思，自然就会睡觉了。

需要特别提醒妈妈，睡觉时播放的儿歌或音乐只用来做催眠曲，这样宝宝会知道妈妈放这个音乐代表他要睡觉了。带宝宝睡觉也最好只有妈妈和宝宝两个人，人多了会让宝宝兴奋。

> **TIPS**
> 早睡早起保证宝宝白天的精力和体力能够显著改善白天瞌睡、磨人以及焦躁的现象。

晚上早睡有利于宝宝长高
睡眠对身高有着很大的影响。睡得越迟，分泌的生长激素就越少，对宝宝的身高越不利。最好在晚上 8：30 前就上床，最迟不要超过晚上 9：30，早上 7 点以后再起床。

帮宝宝养成独立入睡的好习惯

　　让宝宝睡到床上，把闹钟定时到几分钟后响，告诉他铃响前你会回来看他。如果你回来时他好好地躺在床上，就抚摸他的后背作为奖励，以后逐渐延长看他的时间。如果你已经几次与宝宝道晚安了，他还是不肯睡，那么不管他怎么哭闹，都要等20分钟再进去看他。如果他还在哭，进去告诉他该睡觉了，然后离开。每天如此做，直到宝宝适应独立入睡为止。

调整生活习惯，以防宝宝做噩梦

　　看到宝宝从噩梦中醒来，或在睡眠中大哭大叫，妈妈是不是很紧张？其实爸爸妈妈可以试着帮助宝宝调节日常的一些生活习惯，从而改善睡眠质量。

临睡前，让宝宝喝一杯温热的配方奶、刷牙、洗脸，换上睡衣，用特定的睡前"仪式"提醒宝宝该睡觉了。

选一件宝宝喜爱的玩具放在床头，让它伴随宝宝入睡，如柔软的毯子或玩具娃娃。

关掉客厅的电灯、电视，卧室只留一盏小夜灯，待宝宝睡熟后再关闭。

讲一段温馨的睡前故事，放一段睡前音乐或催眠曲，并在半小时后关闭音乐。

宝宝常见不适及意外情况应对

1岁多的宝宝喜欢跑来跑去的，还喜欢自己做事情，会模仿大人的行为。这时对宝宝的护理更具挑战性，爸爸妈妈应时刻留意宝宝的活动，以防发生意外。

鼻出血

宝宝鼻黏膜血管很丰富，有些地方汇集成血管网，血管弯曲扩张，在鼻部外伤以及打喷嚏时，都可能使曲张的血管破裂出血。1岁多的宝宝走路还不稳，如果不小心摔倒很可能碰到鼻子，引起鼻出血。

发生鼻出血时，宝宝大哭、用力揉擦鼻子等均会加重出血量。此时，爸爸妈妈应立即将宝宝抱起，让宝宝半卧，大点的宝宝可直立或直坐着，不要低头或后仰。

冷敷前额可止鼻出血
如果宝宝发生鼻出血，可以将冷毛巾敷在宝宝额头上，有利于止血。

少量出血压住出血一侧的鼻翼即可，如大量出血可采取以下措施：

1. 弄清楚是哪侧鼻孔出血，用干净卫生的消毒棉球堵塞出血侧鼻腔。再用手捏紧两侧鼻翼，让宝宝用口呼吸，数分钟即可止血。

2. 用冷毛巾或用毛巾包住冰块放在前额处，有利于止血。

用上述方法处理仍不止血，应立即去医院接受进一步检查，是否有全身性疾病。

手指被卡

1岁多的宝宝手指越来越灵活，特别喜欢把手指插到小孔里，所以不要把口小的瓶子和其他物品给宝宝玩。一旦宝宝手指卡住拿不出来，也不要慌张，可以试着涂一些肥皂水，减轻摩擦力，然后再取出。出现红肿时，不要动伤口，马上去医院创伤外科治疗。如果出血，可以先冷敷，然后观察情况，必要时去医院。如果宝宝大哭不止，一动就痛得要命，可能是骨折，必须马上去医院。

蛔虫病

1~2 岁的宝宝易感染蛔虫，主要症状是突然腹痛，出冷汗、面色苍白，此外还出现多食、厌食和偏食，或有异食癖，也有的宝宝平时吃饭正常但仍很消瘦，严重时可引起智力发育迟缓等。

预防及护理：

1. 注意饮食卫生，饭前便后洗手，勤剪指甲，不吃未洗净的蔬菜瓜果。

2. 如果出现蛔虫病症状，在医生的指导下吃驱虫药，注意严格用药，不可多服。

3. 如果出现便秘或不排便、腹胀、腹部摸到条索状包块时，可能发生了蛔虫性肠梗阻，则要马上入院静脉注射、灌肠或进行其他治疗。

厌食症

厌食症是指宝宝较长时间的食欲缺乏，一般由于多种因素的作用，使消化功能及其调节受到影响而导致厌食。宝宝长期厌食会影响生长发育，所以家长要密切关注宝宝的饮食情况，发现异常，要及早诊断和治疗。

饭前少吃零食：给宝宝吃太多零食，会扰乱或抑制胃酸及消化酶的分泌，使宝宝食欲减退。

吃饭时不要看电视：宝宝吃饭时不要让他看电视，也不要和宝宝玩，让宝宝养成专心吃饭的好习惯。

❓妈妈常问疾病难题

如何应对宝宝的不适症状

❤ **No.1** 宝宝太好动了，是"多动症"吗？大部分宝宝在 1~2 岁时活泼好动、精力旺盛，这并不是多动症。可以适当加大他的运动量，给他设计一些有"障碍"的游戏，或向他提出较难的问题。

❤ **No.2** 宝宝可以输液吗？宝宝生病的时候，如果不是非常有必要，应尽量减少输液的机会。如果经常输液、滥用抗生素，会使细菌产生耐药性，破坏和杀死正常有益菌群，降低宝宝自身的抵抗力。

❤ **No.3** 宝宝割伤、擦伤怎么办？如果宝宝的手不小心被利器割伤，马上用清水冲洗干净、消毒，如果流血多，马上去医院就诊。如果是擦伤，用清水冲洗干净、消毒。

宝宝好性格、好习惯培养

随着宝宝的长大，他的自我意识有了很大提升。宝宝个性越来越强，可能会把所有玩具、零食据为己有，如果自己的要求得不到满足会发脾气。宝宝有了嫉妒心，如果爸爸妈妈忽略了他会不高兴。这时父母要及时缓解宝宝的情绪，帮助宝宝养成良好的性格。

正确对待宝宝的独占行为

1~2岁的宝宝正是自我意识萌芽和建立的关键期，这个时期的宝宝正是通过自己的东西来建立自我的概念。家长要做好引导。

父母应该怎样做

爸爸妈妈可在日常生活中给宝宝做良好的示范，把食品、物品和家人进行分享，示范的同时建立宝宝分享的意识。

鼓励宝宝和其他小朋友一起玩耍、一起分享玩具，如果宝宝把自己的零食或玩具分享给小朋友，父母要及时肯定和赞赏。

从小培养宝宝的物品归属概念，让他能分清"我的""你的""大家的"。

纠正宝宝的嫉妒心理

当看到爸爸妈妈忙于别的事情而忽略自己时，宝宝会不高兴或发怒，这是嫉妒心理的表现。

理解并慢慢纠正：宝宝的嫉妒情绪并非完全消极，有时宝宝之间发生适当的矛盾冲突，能刺激宝宝的社会能力，帮助他学习如何尊重他人，同时激励宝宝的创造性，使宝宝学会分享、竞争、进取以及尊重他人的权利和名誉。

消极因素不容忽视：宝宝屡生嫉妒情绪，会成为一个心胸狭窄的人。所以父母应帮助宝宝摆脱嫉妒带来的消极情感，这样有利于宝宝的心理健康。

> **TiPS**
> 嫉妒情绪是宝宝一种正常的情绪宣泄，不要拿他和别的小朋友比，告诉他，他真的很棒。

一定要让宝宝分享吗？ YES or NO

如果强行让宝宝进行分享，反而让宝宝建立了对自己所属物品的不安全感，就真的不愿意分享了。因此，对于1~2岁的宝宝，属于他的物品，愿意分享就分享，不愿意分享就不要强行分享，否则反而会让宝宝变得"自私"，逐渐养成独占行为。

和宝宝玩游戏

爸爸妈妈经常和宝宝玩游戏，不仅可以使宝宝感受到温馨、充满爱的家庭氛围，还可以锻炼宝宝的动手能力，有利于宝宝智力发展，也可以让宝宝收获快乐，拥有好性格。

搭积木。准备各种颜色和形状的积木块，让宝宝随意搭配积木。可以让宝宝把相同颜色的积木放到一起，或搭成不同形状的小房子。不仅可以让宝宝认识形状和色彩，还可以提高动手能力。

做手工。准备一些彩纸、彩笔和小纸盒，父母陪宝宝一起做手工，可以锻炼宝宝的手部协调能力，激发宝宝的创意性。

讲图片。给宝宝看图片，并根据图片编故事给宝宝听。反复3~5次后，鼓励宝宝自己看着图说出这个故事。既充满乐趣，又可以锻炼宝宝的语言能力。

倒水游戏。给宝宝准备两个小杯子或小碗，里面装上水，让宝宝将里面的水从一个杯子倒到另一个杯子中。可以锻炼宝宝的动手能力，还能培养宝宝的耐心。

第七章 2~3 岁

　　现在宝宝已经是个小大人了，有了一定的自主权，吃饭时可以自己拿碗筷，可以拿自己喜欢的食物吃，而且 3 岁后，宝宝就可以和其他小朋友一起去幼儿园了。爸爸妈妈这段时间可以教给宝宝一些生活常识，以增强他的安全意识，并注意培养宝宝养成良好的饮食及生活习惯，这样他才能成为一个受欢迎的好宝宝。

五大能力让你知道宝宝能做什么

2~3 岁的宝宝已经是个小大人了，可以吃大多数食物，能自由地跑来跑去，基本上能听懂大人说的话，认知能力也越来越强，爸爸妈妈该为宝宝上幼儿园做准备了。下面我们就来看一看 2~3 岁的宝宝都掌握了哪些能力吧。

2~3 岁宝宝成长概述

宝宝能熟练地跑来跑去了，爬楼梯、上下台阶都变得轻而易举；能够说完整的句子了，与大人交流基本上没什么问题。这时宝宝特别爱说话，喜欢问为什么，大人要多与宝宝交流，教给他简单的知识，宝宝会学得很快。这个阶段宝宝的独立性更强，可以自己吃饭、上厕所，自己入睡，家长要学会放手让宝宝自己成长，可以提高他的自理能力。宝宝喜欢和小朋友玩耍，逐渐建立良好的友谊。

大运动

动作发育比以前成熟了很多，能熟练地跑，跑得较稳，动作协调，姿势正确；能自己跳，双脚同时落地，停下来时很平稳；能自由地骑小三轮脚踏车，向前进、向后退、转弯等。

❱ 能向前跳远，可以跳过小水沟。

❱ 能从一级台阶上跳下来。

精细运动

手指已经十分灵活了，手眼协调能力很强，可以将积木搭成高塔；会折纸；能自己使用筷子吃饭。

❱ 能握笔画出线条和曲线。

❱ 会拼几块不同图形的拼板。

让宝宝 自己睡觉

这个阶段可以分床了，尽量让宝宝自己睡觉。

制定作息时间表 YES or NO

从这时起应该为宝宝制定作息时间表，一到时间就告诉宝宝要睡觉了并哄其入睡。如果宝宝乖乖地遵守规则，妈妈可以给予奖励或称赞。宝宝的作息时间表一旦建立，就会在体内形成自己的生物钟，到了睡眠的时间点，宝宝会困得无法睁眼，就会乖乖去睡觉了。

语言交流能力

语言发展非常迅速，词汇迅速增多，会用语言与人交流，会用简单形容词和代词，能够使用前、后、里、外等方位词。

》 能说出自己的姓名。

》 向大人提问，喜欢问为什么。

认知能力

随着思维的发展，逐渐产生简单的联想，并能按照自己的联想做出假想性的表演活动；分得清大和小、多和少。

》 喜欢色彩鲜艳的图画故事书。

》 爱看动画片。

》 分得清圆形、方形、三角形。

社会适应能力

学会对人有礼貌，会说"早""好""谢谢""再见"等。愿意帮妈妈做事情，如果分配给他一点事情做，他会很高兴。知道自己做错事后，会低头认错。

》 与小朋友做游戏时，懂得游戏的规则。

》 知道饭前、便后要洗手。

宝宝的喂养

宝宝和成人一样能吃各种食材了，但家长还是应该尽量单独给宝宝烹饪食物。此时除了注意碳水化合物类食物的补充外，还应重点补充蛋白质、维生素和膳食纤维。爸爸和妈妈要注意培养宝宝好好吃饭的习惯。

膳食要平衡

食物大体分为下面几类：谷物类、豆类、动物食品类、果品类、蔬菜类、油脂类。要使膳食搭配平衡，宝宝每天的饮食中必须有上述几类食品。

宝宝膳食要平衡
爸爸妈妈要均衡地为宝宝补充各种营养物质，谷物、果蔬、蛋白质、肉类都要适当摄入。

油脂。油脂是高热量食物，有些植物油还含有少量脂溶性维生素，如维生素 E、维生素 K 和胡萝卜素等。

蛋白质。主要由动物性食品或豆类提供，是宝宝生长发育所必需的。人体所需的 20 种氨基酸主要从蛋白质中来。

蔬菜和水果。蔬菜和水果是提供矿物质和维生素的主要来源。每顿饭都要有一定量的蔬菜才能符合身体需要。

谷物。包括米、面、杂粮、薯等，谷物是每顿的主食，是提供热量的主要食物。

适当给宝宝吃粗粮

很多成人自己知道吃粗粮的好处，却认为幼小的宝宝只能吃细粮。粗粮比细粮含有更多的赖氨酸和蛋氨酸，这两种氨基酸人体不能合成，而且宝宝生长发育也很需要，因此家长可以适当给宝宝吃些粗粮。宝宝经常吃粗膳食纤维食物，可以促进咀嚼肌的发育，有利于牙齿和下颌的发育，能促进胃肠蠕动，增强胃肠消化功能，还能预防龋齿。

莫让宝宝进食时含饭

有的宝宝吃饭时爱把饭菜含在口中，不嚼也不咽，俗称"含饭"。宝宝"含饭"的原因大多是家长没有从小让其养成良好的饮食习惯，不按时添加辅食，宝宝没有机会训练咀嚼功能。

对于"含饭"的宝宝，家长只能耐心地教，慢慢训练。可让宝宝与其他宝宝同时进餐，模仿其他小朋友的咀嚼动作，随着年龄的增长慢慢进行矫正。

为宝宝准备营养的早餐

不吃早餐，会使宝宝无法集中精力，导致学习能力下降。从早晨睁开眼睛开始，大脑细胞就开始活跃起来。脑力活动需要大量能量，如果不吃早餐，能量就不足，大脑就无法正常运转。吃早餐不仅能补充能量，通过咀嚼食物对大脑产生良性刺激。吃早餐的宝宝注意力和创造力方面比不吃早餐的宝宝更出色，所以妈妈每日应为宝宝准备营养的早餐。

早餐营养要均衡：给宝宝准备早餐时要注意营养丰富均衡。

早餐好吃又好看：妈妈可以把食物做成可爱的造型，或编个关于食物的故事，吸引宝宝吃饭。

? 妈妈常问喂养难题

妈妈怎么做，宝宝不偏食

❤**No.1** 宝宝暴食怎么办？爱吃的东西要适量地吃，特别对食欲好的宝宝要有一定限制；每次给宝宝少盛一些饭，让宝宝能够吃完，以免养成浪费粮食的习惯。

❤**No.2** 宝宝不爱吃荤怎么办？大部分宝宝不爱吃肉，可能是因为肉比别的食物咀嚼起来费力；不爱吃鱼，可能是因为有腥味。所以，不要形成宝宝一定不吃的思维定式，要不断地调整烹制方式，没准下一顿宝宝就爱上吃荤了。

❤**No.3** 吃水果好还是喝果汁好？直接吃水果更好，这样能保留水果中的大部分营养素，而且可以锻炼宝宝的咀嚼能力，避免宝宝养成喝饮料的习惯。

让宝宝独立吃饭

随着宝宝渐渐长大，自主意识不断增强，很多事情都想尝试自己去做，吃饭也是一样。爸爸妈妈要培养宝宝独立吃饭的习惯，如果宝宝存在不良饮食习惯要及时纠正和引导。

训练宝宝自己动手吃饭

随着宝宝动手能力的加强，他的控制能力变得越来越好，想吃时能比较容易地把食物放进嘴里。这个时候，妈妈要有意识地训练宝宝自己动手吃饭。

准备宝宝喜欢的并且不易摔坏的餐具：如果有宝宝喜欢的餐具，就可以增加宝宝对吃饭的好感。假如能带宝宝亲自去选购他喜欢的餐具，将会有更好的效果。给他们准备些打不烂的碟子、碗和杯子，因为当他不高兴的时候会把他的餐具扔掉。

食物要诱人：为宝宝预先准备一份色、香、味俱全的食物，当然是促使宝宝喜欢吃饭的第一法宝。

一次给少量：一次给予的食物量不要太多，也是食物准备的要点之一，因为容易吃完会增加宝宝吃饭的成就感。所以，以少量多次"给予"的方式，并再加上言语的鼓励，会让宝宝产生成就感，慢慢地就会喜欢吃饭了。

教宝宝使用筷子

宝宝开始拿筷子吃饭，小手动作可能不太协调，操作起来较困难，父母可以先让宝宝做练习。方法是：父母给宝宝准备一双小巧的筷子、两个小碗作为玩具餐具，父母坐在桌子旁边和宝宝一起做"游戏"，开始让宝宝用手练习握筷子。用拇指、食指、中指操纵第一根筷子，用拇指、中指和无名指固定第二根筷子，同时父母也拿一双筷子在旁边做示范。

> **TIPS**
> 宝宝吃饭时不要因担心宝宝吃不饱就给他盛太多饭，少盛一些，宝宝吃完会很有成就感。

宝宝可以喝茶吗？ YES or NO

茶对人的身体有益，但是3岁以下的宝宝不宜喝茶。茶会导致宝宝贫血，茶中的鞣酸与肠胃中的铁质反应后，会形成不溶解的铁质。茶叶里含有鞣酸和茶碱，这两种成分进入人体后，会抑制宝宝身体对一些微量元素的吸收，如钙、锌、铁、镁等，导致宝宝出现营养不良。

图说
育儿

美味宝宝餐推荐

宝宝几乎能适应成人的一切食物了，所以给宝宝做饭时可以变换花样，为宝宝提供种类繁多的营养餐，但制作宝宝餐时，较成人食物要软烂、细腻一些。

西红柿木耳炒鸡蛋

原料：鸡蛋 2 个，西红柿 1 个，蒜薹、木耳、盐各适量。

做法：① 西红柿洗净，切块；木耳泡发，切丝；蒜薹切段。② 鸡蛋加盐打散，炒成块。③ 另起油锅，放蒜薹炒匀，再加入木耳、西红柿，炒熟时加入鸡蛋块，加盐调味。

鸡肉茄汁饭

原料：鸡肉 50 克，土豆、胡萝卜各 30 克，洋葱 20 克，番茄酱适量。

做法：① 鸡肉、土豆、胡萝卜、洋葱切丁。② 锅中放油，放入鸡肉丁、蔬菜丁翻炒。③ 锅中加水、番茄酱，小火煮至土豆丁绵软。④ 米饭盛盘，淋上茄汁鸡肉即可。

海苔饭团

原料：海苔 2 克，白芝麻 5 克，豌豆 10 克，熟蛋黄 1 个，米饭、白醋、白糖各适量。

做法：① 白醋、白糖拌入饭中；海苔用热水泡开后再沥干水分，切碎。② 豌豆煮熟，白芝麻用干锅炒香，熟蛋黄压碎。③ 将所有原料混合后用手捏成小团即可。

什锦黑米粥

原料：大米、黑米各 20 克，红豆 30 克，花生仁 10 克，红枣 5 颗。

做法：① 将所有原料混合淘洗干净，提前浸泡 2 小时；红枣去皮，去核。② 将所有原料放入煲中慢熬，煮到花生仁变软烂、米烂汤稠即可。

宝宝护理要点

对于宝宝生活方面的照护，父母要做到细致周到，居住、玩耍环境要卫生，衣物要舒服，出行时要注意安全。除此之外，也要教育宝宝注意个人卫生，这样才能保证宝宝健康成长。

室内常通风
每天将宝宝房间的窗户打开，让阳光照进来，让新鲜空气补充进来，可以减少屋内细菌量，减少螨虫滋生。

消灭家中的螨虫

螨虫不仅咬人，而且还会使人生病。螨类中尘螨的分泌物和排泄物都是过敏原，容易使宝宝出现皮肤瘙痒及炎症。为了避免螨虫对宝宝的伤害，妈妈应注意居室的卫生。

因为地毯容易滋生螨虫，所以宝宝的居室最好不要使用地毯。如果实在需要使用地毯，应定时用地毯专用洗涤剂清洗（至少每年在进入夏季前清洗一次）。每天还要用吸尘器给地毯吸尘，隔一段时间在地毯上喷洒"灭害灵"等杀虫剂。喷洒后宜开窗通风，人不要待在室内。

保持室内环境的干燥、通风。若遇湿度大的天气，即使湿度不高，也要用空调机或除湿机除湿。

经常将宝宝的被褥、枕头放在强烈的日光下暴晒，拍打除尘。

要勤给宝宝洗澡，勤换衣裤。宝宝的衣裤，尤其是内衣裤洗后应放在阳光下暴晒。

不要让宝宝穿皮鞋

宝宝处于生长发育的时期，尤其是骨骼发育尚不成熟，如果此时给宝宝穿坚硬的皮鞋，除了不利于宝宝运动外，还会引起脚部不适，更重要的是会影响骨骼的发育，皮鞋还会压迫局部的血管、神经。

宝宝骨骼弹性强，久穿皮鞋容易发生趾骨变形，甚至导致脚掌与脚趾骨骼的异常发育。因此，妈妈们不要因为宝宝穿皮鞋漂亮就束缚他的双脚，软底、软面的胶鞋和布鞋会使宝宝觉得更舒适，小脚丫也会更健康。

教宝宝过马路

父母的榜样力量是无穷的，遵守交通规则最重要。告诉宝宝没有父母带领时不能自己过马路，过马路时必须走人行横道、过街天桥或地下通道。及早让宝宝认识红、绿灯等交通安全标志。

带宝宝过马路，绿灯时注意左边没有车辆再过马路。横穿马路时不要急跑，宁可多等一会儿。千万不要带着宝宝或让宝宝翻越马路中间的隔离栏，也不要在过马路时边走边玩。

教宝宝漱口和刷牙

宝宝吃的辅食种类越来越多，口腔问题随之而来，为了保持口腔清洁，家长要教会宝宝漱口和刷牙。教会宝宝将水含在口内、闭口，然后鼓动两腮，使漱口水与牙齿、牙龈及口腔黏膜表面充分接触，利用水力反复来回冲洗口腔内各个部位，使牙齿表面、牙缝和牙龈等处的食物碎屑得以清除。刷牙的最佳时间是饭后 3 分钟，每次餐后都刷 1 次（至少要保证早晚各刷 1 次）。注意要将牙齿里外上下都刷到，刷牙时间不少于 3 分钟。

妈妈做引导：宝宝学刷牙时，妈妈要引导宝宝竖着刷牙。

宝宝自己刷牙：宝宝刷牙时，要竖刷，并且要照顾各个牙面，不能只刷外面。

? 妈妈常问护理难题

攻克护理难题，宝宝更健康

❤ **No.1** 可以给宝宝掏耳朵吗？尽量少给宝宝掏耳朵。掏耳朵时如果用力不当容易引起外耳道损伤、感染，导致外耳道发炎，还容易使耳道皮肤角质层肿胀、阻塞毛囊，使细菌滋生。

❤ **No.2** 宝宝喜欢玩手机怎么办？爸爸妈妈试着用别的玩具或事情来转移宝宝对手机的注意力，当宝宝丢下手机玩别的东西后，再把手机放在宝宝看不到的地方。

❤ **No.3** 怎样预防龋齿？ 2 岁到 2 岁半时，宝宝 20 个乳牙大部分出齐，爸爸妈妈要带宝宝经常到医院检查牙齿，至少每半年检查一次，出现龋齿及时治疗。爸爸妈妈要指导宝宝天天刷牙。

宝宝睡好觉

3 岁左右的宝宝，自我意识变得很强烈，睡觉对他来说，不单单是生理需求那么简单，睡或不睡，常常带有主观意识。爸爸妈妈需要做的就是让宝宝自己入睡，多关心宝宝的睡眠问题，为宝宝营造一个安全、舒适的睡眠环境。

可以尝试分床睡了

3 岁正是宝宝独立意识萌芽和迅速发展时期，安排宝宝分床睡，对培养他心理上的独立感很有好处，对宝宝日后社会适应能力的发展有直接关系。

何时分床睡没有硬性标准

许多父母都会问到底宝宝多大了才能分床睡，这个问题没有确定的答案。宝宝 1 周岁内尝试分床，比较容易实施，但是由于还在哺乳期，比较需要妈妈的照顾，许多家庭都不会过早分床睡。且宝宝对妈妈比较依恋，过早跟妈妈分开睡，会让宝宝没有安全感。但是如果宝宝年龄越大，宝宝的自主意识越强，分床就会越难。建议 2~3 周岁的时候尝试分床睡。

如何帮助孩子适应分床睡

1. 安全和健康是第一。注意宝宝的床离地面不要太高，以防宝宝跌落地面造成危险。若妈妈担心宝宝会踢被子而着凉，可以给宝宝挑选合适的睡衣。

2. 睡前陪伴不孤单。有些宝宝对妈妈有强烈的依恋心理，很容易产生孤独感，妈妈可以在睡前多加爱抚或多陪宝宝一会儿，让宝宝克服恐惧心理。

3. 宝宝要赖不心软。刚开始尝试分床睡时，有些宝宝会耍赖，刚刚和父母商量好可以分开睡，父母一走又跑回父母的床上。此时父母一定不能心软，耐心劝说宝宝回小床上睡，可多鼓励，实在不行，等宝宝睡着也要放回宝宝床上。

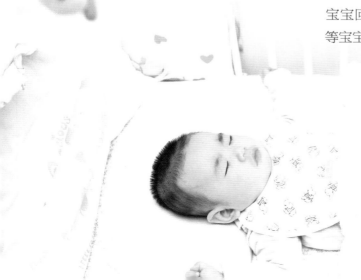

为宝宝挑选漂亮的小床
造型活泼、色彩艳丽甚至有些像儿童玩具的睡床，会是宝宝的挚爱。

充分尊重宝宝，循序渐进

要充分理解宝宝还不能明白单独睡觉的意义，但是父母一定要跟宝宝讲清楚理由，让宝宝明白这么做是有必要的。分房之前多鼓励宝宝，夸赞宝宝，让宝宝明白能自己睡觉是一件很了不起的事。

分房也要讲究循序渐进，给宝宝一个缓冲期。开始的时候可以给宝宝讲故事哄他睡觉，在充分爱抚后他才会睡着。妈妈可以先不把房门关上，让宝宝随时能看到自己，这样做可以让宝宝在心理上有安全感。渐渐地，可以在宝宝没有睡熟之前就离开，但是要让宝宝感觉到你就在附近，一直到他完全睡着。

不要让宝宝睡软床

宝宝自出生后，身体各器官都在迅速发育成长，尤其是骨骼，生长最快。因为婴幼儿骨骼中含无机盐较少、有机质较多，因此具有柔软、弹性大、不容易骨折的特点。但婴幼儿脊柱的骨质较软，周围的肌肉、韧带也很软弱，臀部重量较大，会将沙发、弹簧床压得凹陷，使得宝宝无论是仰卧或侧卧，脊柱都处于不正常的弯曲状态，严重时会导致宝宝驼背、漏斗胸等畸形。这不仅影响宝宝体形美，而且更重要的是妨碍内脏器官的正常发育，危害极大。

装饰宝宝的小床：爸爸妈妈可以挑一些宝宝喜爱的玩具放在小床上。

为宝宝讲睡前故事：爸爸妈妈可以在宝宝躺下后为他讲一个甜美的睡前故事。

?妈妈常问睡觉难题

怎样让宝宝睡得更好

♥No.1 什么时候开始让宝宝单独睡？宝宝自己克服分离焦虑才能和父母分开睡，一般在 3 岁左右。不要强行让宝宝单独睡。

♥No.2 宝宝夜里哭叫是怎么回事？可能是做噩梦了，父母要调整好宝宝白天的活动时间和活动量，不要让宝宝过于疲劳，白天不要让宝宝看气氛紧张的电视。

♥No.3 宝宝磨牙怎么办？如果宝宝患有肠道疾病或口腔疾病可能会磨牙，这时需调节宝宝的饮食，促进消化吸收。要避免宝宝情绪过于激动或紧张，否则会使大脑皮层功能失调，引起磨牙。

为宝宝营造优质的睡眠环境

人在温馨的环境中睡得更舒适，对于宝宝来说也是这样。新手爸爸妈妈要从细节着手，为宝宝打造一个安静、干净、舒适的睡眠环境，这样宝宝才能睡得更香甜，长得更快。

宝宝的卧室

卧室空气宜新鲜：夏季应开门窗通风，但应避免宝宝睡在迎风处；冬季也应根据室内外温度，定时开窗换气。新鲜的空气会使宝宝入睡快，睡得香。父母不要在室内吸烟，以免污染空气，造成宝宝被动吸烟。

室温适宜：宝宝卧室的室温应以25℃为宜，过冷或过热都会影响宝宝的睡眠。湿度为50%~60%比较适合宝宝。

卧室有睡觉的气氛：卧室要有睡觉气氛，拉上窗帘，灯光要暗一些，室内保持安静无噪声。被、褥、枕要干净、舒适，应与季节相符。

宝宝的小床

小床的边角最好采用圆弧收边，光滑，不能有木刺和金属钉头等危险物。

小床既要耐用，还要方便宝宝上下，即便从床上滚落，也不会受到严重伤害。宝宝的小床一般离地约76厘米，长约120厘米，宽约75厘米，栏杆间隔约7厘米。

小床最好床头顶着墙，如果床顺墙摆放，床沿与墙壁间不应留缝隙。原木是制造儿童床的最佳材料，涂漆要选用无铅、无毒、无刺激漆料。

宝宝的寝具

床垫：儿童床以木板床和较硬的弹簧床为宜，铺上棉质的褥子做床垫即可。建议不要使用5厘米以上厚度的海绵垫，否则会因宝宝汗水、尿液累积在海绵垫内无法挥发，而导致生痱子、毒疮。

被褥：宝宝的被褥一定要柔软蓬松，透气性好。被褥也不能太厚、太蓬松，以免宝宝身陷其中，不利于脊椎发育。

毛巾被、被罩：宝宝的贴身被罩、毛巾被要选纯棉制品，这种材料不刺激宝宝皮肤，盖在身上也很舒服。

枕芯、枕套：枕芯质地应柔软、轻便、透气、吸湿性好。可选择稗草籽、灯芯草、茶叶、荞麦等作为材料充填。枕套一般选用棉质、真丝、竹纤维、亚麻等亲肤性好、吸湿性强的面料。

卧室不要通宵开灯

一些刚做父母的年轻人，夜里为便于给宝宝喂奶、换尿布，总爱让房内通宵亮着灯，其实这样做对宝宝的健康成长不利。

经研究证明，昼夜不分地经常处于明亮光照环境中的新生宝宝，往往出现睡眠和喂养方面的问题。调查显示，夜间熄灯的宝宝睡眠时间较长，喂奶所需时间较短，体重增加较快。有关专家认为，新生儿体内自发的内源性昼夜变化节律会受光照、噪声及物理因素的影响。在这种情况下，昼夜有别的环境对他们的生长发育较为有利。

不宜让宝宝睡电热毯

有些新手爸妈怕宝宝睡觉冷，于是使用电热毯保持温度。这是不可取的。据观察，经常睡电热毯的宝宝，容易烦躁、爱哭闹，还容易出现食欲缺乏。

宝宝的体温调节能力差，若保暖过度会同寒冷一样对宝宝不利。高温下的宝宝身体水分流失增多，若不及时补充液体，会造成脱水热、高钠血症、血液浓缩、出现高胆红素血症，还会引起呼吸暂停，甚至危及生命。另外，宝宝长期在电热毯产生的电磁场中睡眠，神经系统也极易受到损害。

所以不要让宝宝睡在电热毯上，可以开电暖器取暖，或使用暖水袋。如果一定要用电热毯，也应该在宝宝临睡前进行通电预热，待宝宝上床后要及时切断电源。

带宝宝亲自布置小屋

爸爸妈妈可以带宝宝一起选购儿童房的用品，选择宝宝喜欢且安全的装饰品、玩具、儿童床、衣柜。让宝宝自己选购物品，能够增强宝宝的自主意识，让宝宝从心里认识到这是自己的物品。

选购物品之后可以和宝宝一起装饰小屋，将小屋装饰得漂亮、舒适，宝宝会更加喜欢，有利于分房睡。可以将宝宝喜欢的玩具也放在床边，让宝宝有熟悉的感觉。

这样做会从心理上满足宝宝独立的需要，宝宝会感觉自己长大了，有了属于自己的一片小天地，同时又为宝宝创造了单独的睡眠环境。

宝宝常见不适及意外情况应对

当在照顾宝宝的过程中发现问题时，父母不要掉以轻心，要找出原因，或寻求医生的帮助。宝宝的一些状况可以通过日常生活慢慢纠正，也可以寻求方法进行改善，必要时去医院治疗，一般不会有大碍。

"内八字"

宝宝走路的时候，脚尖有点往里使劲，也就是俗称的"内八字"，用医学术语来讲，叫作"内旋步态"，大部分都是一种正常的生理状态，往往有一定的家族史，也就是说在家族中有的人走路也这样，一般随着年龄的增长症状会逐渐减轻。

矫正方法

1. 可以让宝宝坐着玩的时候，注意让他盘着腿坐，而不要让他叉着腿。

2. 给他买硬帮的鞋，用不了一年的时间，就可以纠正他走路的姿势。

头发细软、发黄

宝宝头发细软、发黄，在排除遗传因素的影响后，一般是由于营养缺乏引起的。宝宝体内缺乏维生素 A 和 B 族维生素及叶酸、钙、锌、铁等营养元素，会影响头发的正常生长。因此，要注意宝宝的科学饮食，不偏食、不挑食，适当多吃些营养丰富的食物，如黄绿色蔬菜、豆类、蛋类、鱼虾类、动物肝脏、贝壳等。

如果宝宝头发细软、发黄，日常均衡饮食，调整作息，适当户外活动，必要时完善相关检查。父母也可每日为宝宝做头皮按摩，以促进血液循环，增强营养供应。

让宝宝盘腿坐
如果宝宝走路有些"内八字"，宝宝坐着玩的时候注意让他盘腿坐，这样可以使双腿向外扩，有利于矫正"内八字"。

口臭

宝宝嘴里有臭味，大多数情况是因为不注意口腔卫生及消化不良引起的。吃过零食后父母不督促宝宝刷牙，食物的残渣就会留在口腔里发酵，从而导致口臭。宝宝胃炎、便秘或消化不良，也是导致口臭的常见原因，只要疾病治愈后，口臭也就消失了。

父母应找到导致宝宝口臭的原因，对症施治。日常生活中不让宝宝吃太多零食、甜食，这样既有利于牙齿健康，也有利于胃肠道健康。让宝宝适当吃些蔬菜、水果，以防便秘。每天给宝宝用儿童专用牙刷清洁口腔。如果有口腔疾病，应及时治疗，清除病根，异味才可消失。

屈光不正

儿童远视、散光和近视都是屈光不正的表现。屈光不正对宝宝以后的生活会有很大的影响，及时预防是关键。

远视是指外界的光经眼的屈光系统折射后，在视网膜的后方呈现映象。近视是映象呈现在视网膜的前方。散光是指眼球各径线的曲光力不同，光线不能在视网膜上形成焦点而形成焦线。父母如果发现宝宝经常歪头看东西，或者总是眯起眼睛、要走近才能看清东西，眼神显得不自然时，要及时带他到医院进行视力检查，看看是否有屈光不正的存在，以便及早进行治疗。幼儿眼球的可塑性比较大，可以采用配戴眼镜和物理治疗，视力多数可以得到矫正。

? **妈妈常问喂养难题**

如何应对宝宝的不适症状

♥ No.1 **宝宝被动物抓伤怎么办？** 宝宝被动物抓伤或咬伤后，家长应采取急救措施，减少感染的机会。一般应该先及时清洗伤口，再去医院就诊；必要时接种狂犬疫苗、破伤风疫苗。

♥ No.2 **男宝宝包茎怎么办？** 3 岁以内的宝宝包茎，应以观察为主，如果 3 岁以后包皮仍不能翻转至冠状沟，且包皮口小如针眼，将阴茎紧裹，妨碍阴茎的发育，就必须手术治疗了。

♥ No.3 **宝宝说话晚与智力有关吗？** 检查宝宝对爸爸妈妈、对周围其他人的简单语言能否理解，或者带宝宝去医院，检查听力、舌系带或者声带等发音器官有没有问题。如果上述都是正常的，那么，宝宝说话晚就不必过于着急。

宝宝好性格、好习惯培养

随着宝宝自我意识的萌芽，事事都是"我"字当头，如果不顺心或者不合意，就会用手打、抓或者用牙齿咬，这是宝宝交往能力、表达能力欠缺的表现。还有些宝宝喜欢乱扔东西。面对淘气的宝宝，家长要耐心指导，用合理的方式帮他改掉坏习惯。

小孩子抢玩具很正常
宝宝游戏之间争抢玩具是很正常的现象，成人不需要加以干涉。

正确对待宝宝的暴力

宝宝有时候会兴奋地揪住妈妈的头发不放；和小朋友一起玩时，不知为什么便上手去抓，甚至抓破对方的脸；有时候则会用牙齿咬小朋友的手。如果能明白并懂得成人说话的意思，在遭到训斥后，会打妈妈的脸，借以表达不满情绪……遇到这种情况，家长要及时疏导他的情绪，并让他明白有多种途径可以表达自己的情绪和情感。

父母应当怎样做

对宝宝来说，"暴力"是他认识世界、处理周围环境的一种正常的方式。正确的介入方法是平心静气地对待，然后转移他的注意力。

宝宝抓人、打人的目的仅仅是出于想交往时，你可以告诉他，这不是让别人喜欢和感到舒服的交往方式，交朋友应该是握握手或者拥抱。

父母应以积极热情的方式对宝宝的良好行为给予鼓励，尤其是那些平时习惯打骂、呵斥、批评宝宝的父母，更应注意自己的态度。

别让宝宝从攻击中获得任何好处。宝宝第一次用武力抢玩具，只是出于一种本能，而他一旦从中获益，便会聪明地把两者联系在一起，认为只要这样做一定可以得到玩具，便会养成习惯。

不要一味地呵斥宝宝
宝宝有暴力行为不要打骂、呵斥他，要耐心和宝宝讲道理，帮助宝宝改正。

培养宝宝的秩序感

有些父母总是抱怨自家的宝宝不乖，总是乱丢东西，不知道整洁。其实，宝宝天生就喜欢整洁有序，只是在秩序感敏感期之内没有得到充分的宣泄和建立。因此，家长需要了解宝宝的发展规律，在敏感期之内帮助宝宝建立良好的秩序感，便于宝宝形成好习惯。

父母应该这样做

在宝宝产生秩序感的第一时间培养他的规则意识：父母要在宝宝产生秩序感的第一时间培养他一系列良好的行为习惯，帮助他形成良好的自我形象。例如，进门就换拖鞋，上床要脱鞋，吃饭要端坐在自己的位子上不摇不晃……

耐心培养宝宝归置秩序的技能：由于宝宝的身心发育有限，常常心有余而力不足。比如，本想帮忙收拾碗筷，却把水洒到了桌面上；本想帮忙擦地，却把地面搞得更脏；本想收拾玩具，却让玩具更乱了。

给孩子安排规律的生活：固定时间吃饭、外出、洗漱、讲故事、睡觉等。

帮宝宝收纳玩具：宝宝不玩玩具后要收纳整齐，告诉宝宝玩具也有自己的家，和宝宝一起把玩具送回家吧。

一起大扫除：家里搞卫生时让宝宝也参与进来，可以让他自己整理自己的物品，并及时表扬宝宝。

⁇ 妈妈常问性格培养难题

怎样让宝宝养成好行为

❤**No.1 宝宝爱咬人怎么办？** 爸爸妈妈首先要立即制止宝宝的行为，并要告诉宝宝咬人是不对的，会把小朋友咬伤。注意教育宝宝要耐心，不能一味地训斥。

❤**No.2 宝宝不合群怎么办？** 户外活动对于性格孤僻、不合群的宝宝非常有用，要让宝宝多和其他宝宝一起锻炼，一起做游戏，以培养宝宝外向、开朗的性格。

❤**No.3 宝宝撒谎如何引导？** 发现宝宝撒谎时不要迁就宝宝说谎的行为，也不要逼迫他认错，而是要让宝宝尽可能说出为什么要说谎，以便解决问题。当宝宝讲述真实情况时，要对他坦诚的态度予以肯定。

第八章
0~3岁宝宝常见疾病应对

　　从新生儿到婴幼儿，宝宝在慢慢长大，越来越强壮了。然而宝宝还太小，抵抗力较差，一不留神就可能染上某些疾病，天气变化时可能会感冒、发烧。这些都是难免的，宝宝生病了，爸爸妈妈不要过分紧张，只要多了解一些宝宝常见疾病的症状及应对方法，就可以在宝宝生病时应对自如。疾病并不可怕，相信在爸爸妈妈的精心护理下，宝宝一定会健康、茁壮地成长。

新生儿常见疾病

离开温暖的子宫后，新生儿是那么娇嫩，一旦出现某些不适症状，就会让父母昼夜担惊受怕。面对不舒服的宝宝，父母一定要放平心态，用心学会正确的护理方法。

新生儿肺炎

新生儿肺炎是新生儿时期最常见的一种严重呼吸道疾病之一，因此要做好预防新生儿肺炎的工作，尽可能在新生儿第一次呼吸前，处理净口鼻腔分泌物。

新生儿患肺炎的原因

肺炎的病因很多，产前、产时、产后的感染因素都有可能导致宝宝肺炎。怀孕期间，胎儿生活在充满羊水的子宫里，一旦发生缺氧（如脐带绕颈），就会发生呼吸运动而吸入羊水，引起吸入性肺炎；如果羊水早破、产程延长，或在分娩过程中，吸入细菌污染的羊水或产道分泌物，易引起细菌性肺炎；如果羊水被胎便污染，吸入肺内会引起胎便吸入性肺炎。

还有一种情况是出生后感染性肺炎，新生儿接触的人中有带菌者（如感冒），很容易受到传染而引起肺炎。宝宝出院回家后，应尽量谢绝客人，尤其是患有呼吸道感染者，要避免进入宝宝房内。妈妈如果患有呼吸道感染，必须戴口罩接近宝宝。每天将宝宝的房间通风一两次，以保持室内空气新鲜。

> **TIPS**
> 家人感冒要远离新生儿，以免宝宝受到传染引起肺炎。妈妈如果有呼吸道感染一定要戴口罩才能接近宝宝。

宝宝咳嗽怎么办

很多妈妈看到宝宝咳嗽，往往手足无措。其实，宝宝咳嗽的原因有很多，如冷空气刺激、呼吸道感染和过敏等。因此，最好针对宝宝咳嗽的原因来护理，必要时要带宝宝去医院就诊。父母在给宝宝使用止咳药和抗生素之前，必须咨询医生，并严格按照医生建议的方法和剂量来给宝宝服用。

宝宝咳嗽剧烈时，可以让宝宝吸入水蒸气，潮湿的空气有助于缓解宝宝呼吸道黏膜的干燥、湿化痰液、平息咳嗽。不过，这需要在医院进行。

宝宝有痰声一定是病吗？ YES or NO

有些宝宝呼吸道总有"呼噜呼噜"的痰声，这可能是宝宝喉骨软化引起的。妈妈不要以为是炎症，带宝宝到处打针吃药。应将宝宝抱起来，拍拍背，喂喂水，再顺顺气，一般症状会减轻。如果宝宝痰声很严重要及时去医院检查。

图说育儿

怎样帮助宝宝排痰

宝宝太小不会吐痰，即使痰液已咳出，也只会再吞下。妈妈可以给宝宝拍背帮助他排痰，具体方法如下：

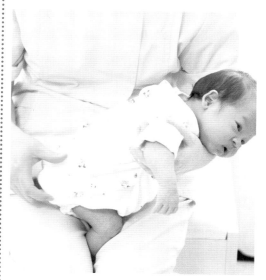

1. 轻轻抱起宝宝，让宝宝横向俯卧在大腿上。

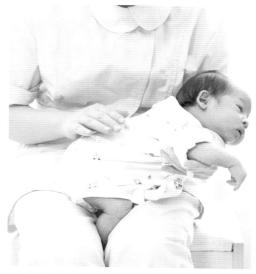

2. 用空心掌和手腕的力，由下向上给宝宝拍背。

3. 拍背时要注意力度和频率。

4. 拍5分钟后，给宝宝喂点水。

湿疹

婴儿湿疹，中医俗称奶癣，多见于易过敏的宝宝。在宝宝出生后1个月到1岁之间出现较多，多见于宝宝的面部、额头、颈部、耳朵后、皮肤皱褶部，也可累及全身。其形态各异，有红斑、丘疹、丘疱疹等，常因剧痒抓挠而露有多量渗液的鲜红糜烂面。

婴儿湿疹的类型

干燥型：湿疹表现为红色丘疹，可有皮肤红肿，丘疹上有糠皮样脱屑和干性结痂现象，很痒。

脂溢型：湿疹表现为皮肤潮红，小斑丘疹上渗出淡黄色脂性液体覆盖在皮疹上，以后结成较厚的黄色痂皮，不易除去，以头顶及眉际、鼻旁、耳后多见，但痒感不太明显。

渗出型：多见于较胖的婴儿，红色皮疹间有水疱和红斑，可有皮肤组织肿胀现象，很痒，抓挠后有黄色浆液渗出或出血，皮疹可向躯干、四肢以及全身蔓延，并容易继发皮肤感染。

湿疹的家庭护理

1. 最好吃母乳，尽量避开过敏原。随着年龄的增长，可给予多种富含维生素的食物，如苹果、橙子等。

2. 湿疹皮损勿用水洗。严禁用肥皂水或热水烫洗，且勿用刺激性强的药物，可用消过毒的植物油擦干净。

3 衣着应宽大、清洁，以棉质品为好，尿布应勤换。

4. 激素类软膏不宜用于面部或大面积皮肤，长期应用会产生副作用，应在医生指导下用药。

肛瘘

如果宝宝排便和更换尿布时哭闹，妈妈一定要引起注意，留心宝宝是不是患上了肛周脓肿。新生儿由于大便次数多，每日可达4~10次，肛周黏膜经常处于被排泄物刺激的状态，导致局部红肿，引起新生儿烦躁、哭闹，影响其舒适感及睡眠。如果不及时处理将导致皮肤黏膜破溃感染，一旦发生臀部感染，就有可能发生肛门周围脓肿。

肛周脓肿如果不及时处理，会引起肛瘘，给宝宝造成极大的痛苦，如果细菌侵

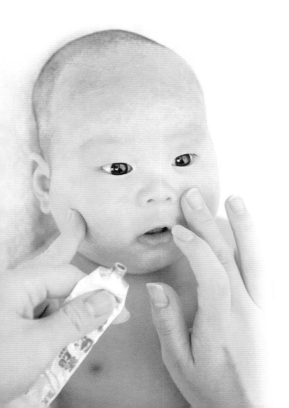

入血液中，还会引起败血症。所以，当有臀红时，妈妈要随时观察宝宝臀部是否有感染。如果有需要，及时就医治疗。

鹅口疮

鹅口疮俗称"白口糊"，是由白色念珠菌感染所致，与吃奶留下的奶斑很难区别。如果用棉签能擦掉则为奶斑，擦不掉则为鹅口疮。

为了预防鹅口疮，妈妈要注意个人卫生，喂奶前应该洗手并用温水擦干净自己的奶头，每次用奶瓶前要经过沸水消毒。治疗鹅口疮的方法有两种，一是用 2% 苏打水溶液少许清洗口腔后，再用棉签蘸 1% 龙胆紫涂在口腔中，每天一两次；二是用每毫升含制霉菌素 5~10 万单位的液体涂局部，每天 3 次即可，涂药时不要吃奶或喝水，最好在吃奶以后涂药，以免冲掉口腔中的药物。用药前一定要到医生处咨询。

尿布疹

尿布疹是婴儿臀部的一种炎症，表现为臀红，皮肤上有红色的斑点状疹子，甚至溃烂流水。

尿布疹的预防护理

要勤换尿布以避免尿布疹的发生。研究发现，一天至少换 8 次尿布的宝宝，尿布疹的发生概率较小。

纸尿裤要系宽松些，使尿布区能够透气。不要用太紧身的尿布和密闭塑料防水婴儿内裤。尿布疹严重时不要给宝宝裹尿布或用纸尿裤。

应让宝宝臀部多在空气中暴露一段时间，有利于皮疹消退。在炎热的夏季或室温较高时可将臀部完全裸露，使新生儿臀部经常保持干燥状态。宝宝长疹子时，应该让他光着小屁股睡觉。在床单下垫一块塑料布，就可以保护床垫，以防被尿湿了。

痱子

　　夏天来临时，新手爸妈最担心的就是宝宝长痱子了。痱子是夏天最多见的皮肤急性炎症。宝宝长痱子之后会感觉剧痒或疼痛，有时还会有一阵阵热辣的灼痛感等，因此宝宝长了痱子之后总会不自觉地用手抓痒处，还会烦躁不安、不断哭泣等。

　　痱子是夏季常见的皮肤病。夏季气温高，汗液分泌过多，不易蒸发，导致汗腺导管口堵塞，淤积在表皮汗腺导管内的汗液使其内压力增加，导致汗腺导管扩张破裂，汗液外溢渗入周围组织，在皮肤上出现许多针头大小的小水疱，就形成了痱子。

痱子的类型

　　红痱：好发于手背、肘窝、颈、胸、背、腹部、臀、头面等部位，为圆而尖形的针头大小密集的丘疹或丘疱疹，有轻度红晕，自觉轻微烧灼及刺痒感。

　　白痱：好发于颈、躯干部，多数为针尖至针头大的浅表性小水疱，无自觉症状，轻擦之后易破，干后有极薄的细小鳞屑。

　　脓痱：痱子顶端有针头大的浅表性小脓疱，常发生于褶皱部位，如四肢屈侧和阴部，宝宝头颈部也常见。脓疱内常无菌，但溃破后可继发感染。

怎样预防宝宝生痱子

　　1. 注意居室的通风：避免室温过热，遇到气温过高的天气，可适当开空调降低室内温度。

　　2. 注意皮肤的清洁卫生：及时擦干宝宝的汗水，勤洗澡、勤换衣。

　　3. 不要穿得过多：避免大量出汗，给宝宝穿宽松、透气、吸湿性好的棉质衣服。

　　4. 在炎热的夏季，不要一直抱着宝宝：可以让宝宝在凉席上玩，以免长时间在大人怀中，散热不畅，捂出痱子。

　　5. 婴儿睡觉时宜穿轻薄透气的睡衣：躺在透气的凉席上，不要让宝宝不穿衣服睡觉，以免皮肤直接受到刺激。

　　6. 天热不要带宝宝出门：天气太热时，避免带宝宝出门，以免被暑气灼伤，引起痱子。

TIPS
不要因为热就不给宝宝穿衣服，这会刺激宝宝的皮肤，应给宝宝穿轻柔、透气的棉质衣服。

图说
育儿

注意细节，巧防痱子

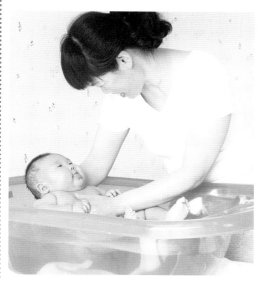

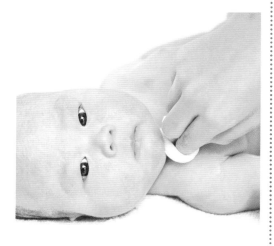

勤洗澡。夏天天气炎热，爸爸妈妈要每天给宝宝洗澡，可以在水中加一些宝宝专用沐浴露。

擦一些保湿霜。洗完澡用干毛巾将宝宝擦干，给宝宝擦一些保湿霜，不用太多，少许即可，薄薄一层，有助于帮宝宝保湿，避免太干燥引起皮肤疾病。

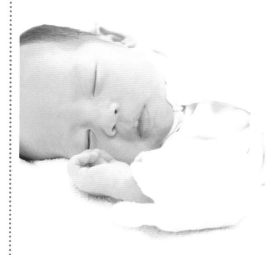

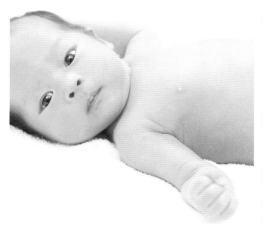

别穿太多。夏天不要给宝宝穿太多衣服，要选择轻薄、柔软、透气性强的棉质衣物。

不要让宝宝光着身睡觉。宝宝睡觉时要给他穿上轻薄透气的睡衣，以防皮肤直接接触床单，容易受细菌感染。

婴幼儿常见疾病

每天生长变化的宝宝，会给爸爸妈妈带来很多惊喜，但宝宝生病会让爸爸妈妈神经紧绷、担心不已。其实，每个宝宝在成长过程中都会出现这样那样的病症，爸爸妈妈放平心态，精心护理生病的宝宝就可以了。为了防患于未然，新手爸妈也可以提前了解一下婴幼儿的常见病、多发病。

肠套叠

4~10个月的宝宝最易患上肠套叠。所谓肠套叠，是指肠管的一部分套入另一部分内，形成肠梗阻。如果压迫时间过长，超过48小时，就会使套入的肠管血液循环受阻，所以，爸爸妈妈要学会辨别，不能忽视。

肠套叠的症状

肠套叠的主要症状就是宝宝突然地阵发性大哭，反复哭闹、腹胀，摸肚子会疼痛难忍。另外，也可能会有呕吐和大便带血等症状。如果怀疑是肠套叠，最好不要给宝宝喂食，马上找医生急诊，绝对不能耽误治疗。

如何护理肠套叠宝宝

肠套叠虽然来势凶猛，并且毫无征兆，但如果及时发现并治疗，效果还是比较好的。但这期间，有一些问题需要爸爸妈妈特别注意。

在送宝宝去医院的途中，要禁食、禁水，以减轻胃肠内的压力。如有呕吐，应将宝宝的头转向一边，让其吐出，以免呕吐物吸入呼吸道引起窒息。在明确病因之前不要轻易给宝宝服用任何药物。

治疗后仍有复发的可能性，所以日常护理需要格外注意，关注宝宝的饮食卫生；进食要定时定量，饮食注意卫生清洁，容易消化；注意保暖，保护腹部勿受寒冻；如果有必要，要积极配合医生的后续治疗。

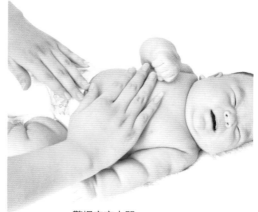

警惕宝宝大哭

如果宝宝突然大哭，在床上滚动，反复哭闹，摸他的肚子会哭得更厉害，宝宝可能患上肠套叠了，需及时诊治。

外耳道湿疹

外耳道湿疹是婴幼儿时期一种常见的皮肤病，其病因和发病机理可能与精神因素、内分泌失调、代谢障碍等有关，先天性过敏体质是发病的主要原因。

外耳道湿疹的症状

宝宝的耳部前后皮肤、耳部后沟或耳周皮肤出现很小的斑点状红疹，分散或密集在一起，也可以表现为丘疹、水疱、糜烂、浆液性渗出、黄色结痂等。一般痒感明显，宝宝会不停地搔抓耳部，有时可影响睡眠和食欲。此病往往反复发作，时轻时重，有的在出牙时会加重病情。

外耳道湿疹的护理

宝宝患有外耳道湿疹时，不可用温水清洁耳部，保持耳部干燥很重要。如果渗液较多，可用炉甘石洗剂或70%的酒精涂抹，并保持局部干燥。千万不要用肥皂水清洗湿疹部位，否则会加重局部刺激。为了避免宝宝因瘙痒和疼痛抓患处，应给患儿剪短指甲或戴布手套。

宝宝抓耳朵需注意：宝宝总是抓耳朵，家长应及时查看有无异常。

用纸巾擦拭耳朵：宝宝患外耳道湿疹时可以用纸巾轻轻擦拭，保持耳部干燥。

？妈妈常问疾病难题

如何应对宝宝的不适症状

❤**No.1 宝宝误吞异物怎么办？** 如果宝宝吞食了异物，要马上确认吃了什么。如果发生窒息，要马上帮宝宝吐出来；如果吃了图钉、别针等尖锐的东西，要马上急救。

❤**No.2 宝宝吃药有副作用怎么办？** 药物引起副作用时，要记录下药物名称、使用的剂量及对药物产生的反应，在就医时主动告诉医生，以免宝宝再次受到伤害。

❤**No.3 宝宝老流口水怎么办？** 要随时为宝宝擦去口水，擦时不可用力，轻轻将口水拭干即可。给宝宝擦口水的手帕，要求质地柔软，以棉布质地为宜，要经常烫洗。

结膜炎

宝宝的眼睛敏感，护理宝宝的眼睛时要格外注意，分泌物较多时要用专用毛巾或消毒棉签蘸温开水从眼内角向外轻轻擦拭。注意宝宝眼部卫生，否则易感染结膜炎。

结膜炎的原因和症状

结膜炎是一种传染病，主要因为眼结膜感染病毒或细菌而导致发炎。如果用不洁净的手或毛巾擦宝宝眼睛会导致流行性结膜炎。宝宝患结膜炎的表现为：分泌物增多，呈水样或脓性。结膜炎对角膜不利，往往造成结膜下出血、视力受损等。如有以上症状就需马上就医，一般病程为一两周。

结膜炎的护理

1. 宝宝的洗脸毛巾、洗脸盆、洗澡盆等都需隔离分开，每次毛巾用后都要沸水消毒。

2. 经常给宝宝洗手，以保持小手的清洁卫生。

3. 按医嘱给宝宝点眼药水，注意瓶子不要贴到宝宝的眼睛上，以免感染。

不要给宝宝剪眼睫毛

很多人说从小给宝宝剪睫毛，长大后睫毛就会变得又密又翘。

一方面，其实给宝宝剪掉睫毛后，眼睛失去了保护，灰尘容易侵入眼睛里，从而引起各种眼病。另一方面，剪睫毛时，剪掉的是睫毛的末梢部分，比较细软，剩下的根基则比较粗硬，这部分睫毛很容易刺激到眼睛，引起结膜炎、角膜炎等眼部疾病，发生怕光、流泪、眼睑痉挛等症状。另外，在剪睫毛的过程中，如果宝宝的眼睑眨动，或者头部摆动，都可能造成外伤。

TIPS
如果宝宝不停地眨眼睛，新手爸妈要仔细检查宝宝的眼部，看是不是眼部出现了炎症。

宝宝倒睫一定要干预？ YES or NO

宝宝下眼睑的睫毛倒向眼内，触到了眼球，这种现象叫倒睫。造成宝宝倒睫的原因主要是宝宝的脸蛋较胖，脂肪丰满，使下眼睑倒向眼睛的内侧而出现倒睫。一般情况下，过了5个月，随着宝宝的面部变得立体起来，倒睫也就自然好了。

你会给宝宝滴眼药水吗

　　如果宝宝患了结膜炎，可以滴一些眼药水缓解症状。下面介绍一下给宝宝滴眼药水的正确方法。

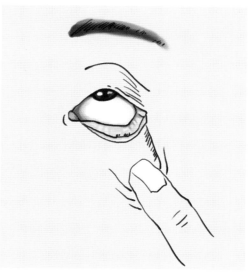

1.使宝宝头稍后仰，轻轻拉下宝宝的眼睑。

2.将眼药水滴入宝宝眼中，注意一次不要滴太多。

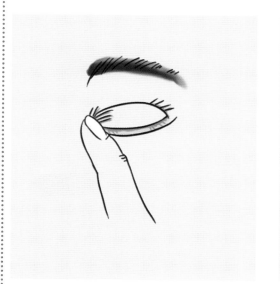

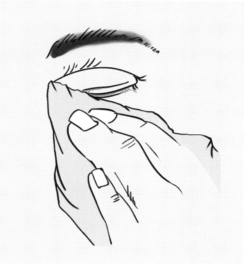

3.让宝宝闭上眼睛，活动眼球，使眼药水均匀分布在结膜囊内。

4.用干净的小毛巾轻轻拭去外溢的眼药水。

腹泻

不少妈妈心存这样的疑虑：宝宝这么小，怎么会腹泻呢？这是由于宝宝消化功能尚未发育完善。宝宝在子宫内是母体供养，出生后需要独立摄取、消化、吸收营养，消化道的负担明显加重，在一些因素的影响下就很容易引起腹泻。

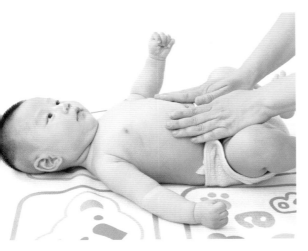

找出宝宝腹泻原因

宝宝大便次数较多，特别是吃母乳的宝宝大便会更多、更稀一些。有很多因素会造成宝宝腹泻，应该先找找原因，然后对症采取措施治疗腹泻。有些宝宝的腹泻是生理性的，可不必治疗，会随着年龄的增长逐渐好转。

如果腹泻次数较多，大便性质改变，或宝宝两眼凹陷有脱水现象时，应立即送往医院诊治。根据医生安排，合理掌握母乳的哺喂。

宝宝拉肚子可能是病毒感染（比如胃肠炎）或细菌感染引起的，也有可能是本身对配方奶过敏等原因造成的。对于这些因素造成的腹泻，必须立即去医院诊治。

宝宝腹泻时妈妈怎么做

腹泻的宝宝需要妈妈的细心呵护，宝宝腹泻时的护理要点如下。

千万不要禁食

腹泻后宝宝的消化道功能虽然降低了，但仍可消化吸收部分营养素，所以吃母乳的宝宝要继续哺喂；吃配方奶的宝宝，也需要继续喂养。

脱水及时治疗

当宝宝腹泻严重，伴有呕吐、发热、口渴、口唇发干、尿少或无尿等症状，宝宝在短期内消瘦，皮肤黯淡，哭而无泪，这说明已经引起脱水了，应及时就医。

不要滥用抗生素

很多病情轻的腹泻不需要抗生素等消炎药，就可以自愈。如果乱服用抗生素，不仅无效，反而还会引起宝宝肠道菌群紊乱，使腹泻加重。

生吃苹果能止泻？ YES or NO

苹果中含有丰富的鞣酸、果胶、膳食纤维等特殊物质。鞣酸是肠道收敛剂，在果肉和果皮中都含有，而在果皮中含量更丰富；果胶在果肉内，在近皮处含量丰富，没加热的生果胶有软化大便缓解便秘的作用，煮过的果胶却摇身一变，具有收敛、止泻的效果。

因此，宝宝腹泻建议不要吃生苹果，而是吃煮熟的苹果，去皮煮熟制作果泥，有助于治疗腹泻，每天可喂食 2 次。

高热惊厥

0~6 岁的宝宝容易出现高热惊厥，因为在这个成长阶段宝宝大脑发育不成熟，易对高热产生兴奋并泛化，出现抽风。

> **TIPS**
> 当体温达到 38℃以上，会影响脑细胞的生存环境，要及时给宝宝服用一些退热药物。

高热惊厥的症状

1. 先有高热，随后发生惊厥，多在发热开始后 12 个小时内。

2. 在体温骤升之时，突然出现短暂的全身性惊厥发作，伴有意识丧失。

3. 惊厥持续几秒钟到几分钟，多不超过 10 分钟，发作过后，神志清醒。

家庭急救措施

1. 应迅速将宝宝抱到床上，平躺，解开衣扣、衣领、裤带。

2. 将宝宝头偏向一侧，以免痰液吸入气管引起窒息。

3. 宝宝抽风时，不能喂水、进食，以免误入气管发生窒息。

4. 家庭处理同时就近救治，在注射镇静剂后，一般抽风能停止，切忌跑去距离远的大医院而延误治疗时机。

怎样预防高热惊厥的发生

提高免疫力：加强营养，合理膳食，经常到户外活动增强体质、提高抵抗力。必要时在医生指导下合理调整生活、饮食习惯，增强免疫力。

预防感冒：随天气变化增减衣物，尽量不要到公共场所、流动人口较多的地方去。如果家人感冒需戴口罩，并少接触宝宝。每天开窗通风，保持室内空气流通。

积极退热：宝宝体温在 37.5℃时，让宝宝适当多补充液体（牛奶、水都可以），能帮孩子增加体液量，促进排汗，从而达到降温的效果；当宝宝体温超过 38.2℃，而且身体不适、闹情绪等情况下，就可以考虑应用布洛芬、对乙酰氨基酚等退热药了。

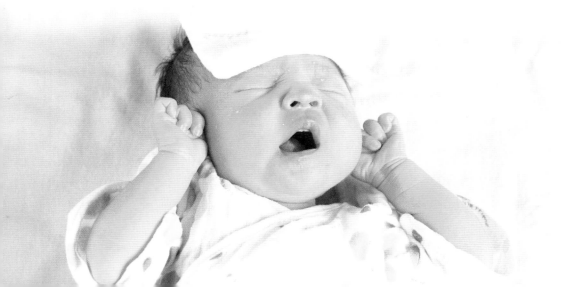

感冒

感冒是急性上呼吸道感染的一种，也是儿科最常见的疾病，与温度变化、身体状况、卫生条件、大人与宝宝的交叉感染有关。几个月的小宝宝感冒时往往拒绝吃奶，呼吸困难。2 岁以上的宝宝感冒时常常先出现高热，然后咳嗽、流鼻涕等。感冒后炎症容易波及下呼吸道，引起支气管炎、肺炎、中耳炎、鼻窦炎、脑膜炎等并发症。

宝宝感冒这样做

1. 如果宝宝鼻涕太多，可轻揉鼻子或用热敷法，或者用吸鼻器吸出黏稠的鼻涕。

2. 要让宝宝充分休息，注意饮食，吃有营养、卫生、容易消化的食物即可。

咳嗽

咳嗽如果伴随着发热和流鼻涕，则是感冒的症状。如果感冒过后继续咳嗽，则要诊断是否患了支气管炎。如果没有明显的征兆而突然剧烈咳嗽，同时有呼吸困难、脸色发青等症状，则需要马上观察是否吞食了异物。

宝宝咳嗽怎么办

1. 宝宝剧烈咳嗽时，轻拍宝宝的后背，或让宝宝坐直身子。

2. 咳嗽得呕吐时，要尽量抬高宝宝的身体，让宝宝坐直或侧躺，一定不要平躺，以避免呕吐物堵住呼吸道或进入耳朵。

3. 宝宝平躺时，上身稍微垫高些，有利于宝宝呼吸通畅。

4. 痰如果堵住喉咙，要分多次喂少量温开水以化痰。每日保证充足的饮水量，避免痰液过分黏稠难以咳出。

发热

宝宝如果发热，多是由于感染引起的。如果宝宝没有其他不适症状，只是体温稍高，爸爸妈妈只要采取适当的护理方法即可。

给宝宝量体温

当宝宝看起来精神很差时，应先想到测量体温。可以用水银温度计测量。测量体温前，要把体温表的水银柱甩到刻度35℃以下。先用干毛巾将腋窝汗液擦干，再将体温表的水银端放于腋窝深处而不外露，爸爸妈妈应用手扶着体温表，让宝宝曲臂过胸夹紧（宝宝需抱紧），5分钟后取出读数即可。也可以用耳温枪、额温枪等方便快捷的体温计。

宝宝发热怎么办

如果宝宝体温超过37.5℃，可以先给宝宝补充液体（水、奶、粥、补液盐都可以）；宝宝体温超过38.2℃，感觉不舒服的情况下，就可以考虑用布洛芬（6个月以上）和对乙酰氨基酚（3个月以上）帮宝宝退热。

服用退热药前后，要记得给宝宝多补充液体，能增加体液量，促进排汗。

如果是单纯性发热，其他饮食睡眠都很正常，可以选择在家按上述方法护理；如果发热超过3天，建议去医院就诊。

流感高发季节、手足口病高发季节，建议就诊时让医生检查咽喉部，做流感监测等检查。

如何应对宝宝的不适症状

💙**No.1 为什么宝宝半岁以后总生病？** 半岁以后，由于宝宝体内来自于母体的抗体水平逐渐下降，而其自身合成抗体的能力又较弱，因此，宝宝抵抗感染性疾病的能力逐渐下降，容易患各种感染性疾病。

💙**No.2 总流鼻涕正常吗？** 正常。婴幼儿的鼻腔黏膜血管较丰富，分泌物较多，加上神经系统对鼻黏膜分泌及纤毛运动的调节功能尚未健全，而且宝宝自己又不会擤鼻涕，所以经常会流清鼻涕。

💙**No.3 宝宝腹泻可以吃药吗？** 宝宝腹泻，父母不可擅自喂药，要及时就医并听从医生建议服药。

营养性疾病

宝宝可能会由于挑食等原因造成体内某种营养素低于正常水平，易发生贫血、缺钙、缺锌等情况。爸爸妈妈要注意合理为宝宝添加辅食，做到营养全面均衡。

缺铁性贫血

缺铁性贫血没有明显的症状，但是严重者，会让宝宝体重增长停滞或下降、面色苍白、头晕、没有食欲、烦躁不安、手掌和指甲发白等。如果宝宝贫血要注意以下几点：一是注意添加含铁丰富的辅食。二是在医生建议下补充小儿铁剂 3 个月或更长时间。三是贫血的宝宝抵抗力差，要注意家居环境清洁。四是特别严重的贫血者，必须卧床休息，避免运动量大的活动。

缺钙

宝宝因为生长发育很快，如果户外活动少，日照少，饮食不合理，体内维生素 D 缺乏，就会引起缺钙。宝宝缺钙要注意以下几点：首先，在医生的指导下及时补充维生素 D 或鱼肝油。其次，从宝宝满月起，就要坚持户外活动，适当晒太阳，散射的阳光就可以，注意别让阳光直接照射宝宝的眼睛。最后，母乳喂养的妈妈最好也坚持补充钙片。

维生素 A 缺乏症

患有维生素 A 缺乏症的宝宝会有如下症状：畏光、角膜干燥、浑浊，皮肤干燥，局部呈鱼鳞状，指甲多纹，失去光泽，毛发干脆易脱落。宝宝的身体发育也较同龄儿迟缓。如果宝宝缺乏维生素 A，需注意以下几点：一是最好用母乳喂养宝宝。二是给宝宝适当补充营养，多吃含维生素 A 丰富的胡萝卜、鸡蛋黄、动物肝脏。三是给宝宝添加维生素 A 制剂，但应严格遵照医嘱。四是平时注意眼部卫生，教育宝宝不要用手揉眼。

> **TIPS**
> 爸爸妈妈要注意宝宝营养素的合理补充，避免因营养素缺乏影响宝宝健康。

宝宝健康，爸妈安心
看着健康快乐的宝宝，爸爸妈妈的心里也是美滋滋的。

宝宝缺锌怎么办？ YES or NO

宝宝缺锌会影响免疫力、食欲、生长发育等。缺锌最常见的症状是厌食、异食癖、复发性口腔溃疡和生长停滞、智力发育障碍等。添加辅食后的宝宝要注意饮食均衡，多摄入富含锌的食物，如动物肝脏、瘦肉、坚果等。注意纠正宝宝偏食、挑食、吃零食过多等不良习惯。

好吃的营养餐

　　宝宝身体发育所需的营养有许多都是从食物中来的,妈妈学着为宝宝做一顿色、香、味俱全的营养餐吧!

碎菜牛肉

原料: 牛肉、胡萝卜各 20 克,西红柿半个,洋葱、黄油各适量。

做法: ① 牛肉洗净,切碎,余熟。② 胡萝卜洗净后,上锅蒸软,切碎;洋葱、西红柿去皮,切碎。③ 黄油放入锅内,烧热后放入蔬菜碎及牛肉碎,小火煮烂即可。

土豆饼

原料: 土豆、西蓝花各 20 克,面粉 40 克,配方奶 50 毫升。

做法: ① 土豆洗净,去皮,切丝;西蓝花洗净,焯烫,切碎;土豆丝、西蓝花碎、面粉、配方奶放在一起搅匀。② 将搅拌好的土豆面糊倒入煎锅中,用油煎成饼。

南瓜牛肉汤

原料: 南瓜 50 克,牛肉 25 克。

做法: ① 将南瓜切成 3 厘米左右的方块备用。② 牛肉切成 1 厘米左右的丁,余后捞出,洗去血沫。③ 在砂锅内放入清水,大火煮开后放入牛肉丁和南瓜块。④ 煮沸,转小火煲约 2 小时,煮至牛肉软烂即可。

滑炒鸭丝

原料: 鸭脯肉 80 克,玉兰片 20 克,香菜、盐、蛋清、水淀粉各适量。

做法: ① 鸭脯肉洗净,切成丝,加入盐、蛋清、水淀粉搅匀;玉兰片切成丝;香菜洗净,切段。② 油锅烧热,将鸭肉丝下锅炒熟,倒入玉兰片丝、香菜段同炒至熟即可。

佝偻病

佝偻病是一种宝宝常见病，俗称"软骨病"，是婴幼儿因缺乏维生素 D，钙吸收率低，使钙磷代谢失常而发生的骨骼病变。虽然现在生活水平提高了，但佝偻病仍有发生。父母要从新生儿期开始预防佝偻病。容易患佝偻病的宝宝主要是早产儿和出生体重较轻（低于 3 000 克）的宝宝、孕期缺钙的妈妈所生的宝宝、哺乳期缺钙的妈妈所哺育的宝宝、生长发育太快的宝宝、吃奶少的宝宝。

佝偻病的症状

早期的表现是宝宝易受惊、爱哭闹、睡眠不安、多汗等，头后部有一圈没有头发，易患呼吸道感染，常伴贫血。如果不及时治疗，则会引起骨骼及肌肉病变，如乒乓球样颅骨软化、囟门大、颅缝增宽、出牙迟、牙釉质发育不良，以后可出现方头、肋串珠、鸡胸等。宝宝学步后会出现 O 型腿、X 型腿，囟门闭合延迟，还可影响宝宝的记忆力和理解力等。当宝宝出现多汗、睡眠不安、枕秃时就要及早找医生诊治。

佝偻病的预防和治疗

预防先天性佝偻病，孕妈妈要多吃富含钙的食物，多晒太阳。宝宝在 1 岁以内，不建议直接晒太阳，有散射的太阳光就足够了；1 岁以后，可适当增加户外活动时间，上午 7~9 点或下午 4~6 点的时间比较合适，紫外线也比较少，可以避免晒伤。

佝偻病应在宝宝有早期症状时及时治疗。佝偻病治疗是较为复杂的，医生会根据宝宝的病情轻重、病程长短给予不同剂量的维生素 D 和钙剂。

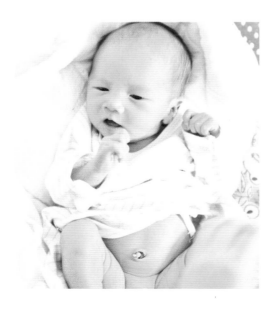

肺炎

小儿肺炎是婴幼儿时期的多发病，以病毒和细菌引起最为常见。

肺炎的护理

1. 给宝宝布置一个安静、整洁的环境，让他充分休息、充分睡眠。

2. 不要强迫宝宝进食，要多喝水，以补充水分。

3. 以易于消化、清淡的食物为主。患病期间，不要喂没吃过的辅食，待宝宝病好恢复后，再逐量增加辅食的品种。

4. 如果宝宝呼吸急促，可用枕头将背部垫高，以利于呼吸畅通。

5. 帮助宝宝清除鼻涕。如果鼻涕太多，可以用吸鼻器吸出来。

6. 帮助宝宝咳痰。将宝宝抱起，轻轻拍打背部，卧床不起的宝宝应勤翻身，可以防止肺部瘀血，也可使痰液容易咳出，有助于康复。

荨麻疹

荨麻疹是因过敏而引起的一种皮肤病，多与饮食、药物、花粉、肠道寄生虫等过敏原有关。如果发生荨麻疹，皮肤表面就会出现红斑，慢慢形成红肿，也有的宝宝可能只有红斑而无水肿。

荨麻疹的预防及护理

如果宝宝经常发生荨麻疹，需要找到过敏原，最好记录下宝宝每天吃的食物、到过的地方，可以帮助准确找到致敏物质，从而避免荨麻疹的发生。有的宝宝发生荨麻疹时可能还伴有腹痛，或者喉部水肿，这是因为胃肠道和咽道也受到过敏原的影响，需要立即就医。

宝宝需要爸爸妈妈精心呵护
宝宝很娇弱，需要爸爸妈妈精心的照顾，才能健康地长大。

附录

宝宝健康发育标准

宝宝的身高、体重发育参考标准在下方表格中已经列出。表格中给出了宝宝身高、体重最低值到最高值的范围。爸爸妈妈可将自己在家测量的宝宝身高、体重数值与表格中的数据对比。如果低于最低值，说明宝宝矮小或偏瘦；如果在参考范围内，说明宝宝发育正常；如果大于最高值，说明宝宝超高或肥胖。

爸爸妈妈最好每个月为宝宝测量一次身长和体重，并将数值记录下来，与参考标准进行比较。如果宝宝的发育过快或过慢，应该向医生咨询，排除疾病的可能，并考虑适当增减营养。

0~3 岁宝宝身高标准表

年龄	男宝宝身高 (cm)	女宝宝身高 (cm)	年龄	男宝宝身高 (cm)	女宝宝身高 (cm)
出生	48.2~52.8	47.7~52.0	10 月	71.0~76.3	69.0~74.5
1 月	52.1~57.0	51.2~55.8	12 月	73.4~78.8	71.5~77.1
2 月	55.5~60.7	54.4~59.2	15 月	76.6~82.3	74.8~80.7
3 月	58.5~63.7	57.1~59.5	18 月	79.4~85.4	77.9~84.0
4 月	61.0~66.4	59.4~64.5	21 月	81.9~88.4	80.6~87.0
5 月	63.2~68.6	61.5~66.7	2 岁	84.3~91.0	83.3~89.8
6 月	65.1~70.5	63.3~68.6	2.5 岁	88.9~95.8	87.9~94.7
8 月	68.3~73.6	66.4~71.8	3 岁	91.1~98.7	90.2~98.1

0~3 岁宝宝体重标准表

年龄	男宝宝体重(kg)	女宝宝体重(kg)	年龄	男宝宝体重(kg)	女宝宝体重(kg)
出生	2.9~3.8	2.7~3.6	10 月	8.6~10.6	7.9~9.9
1 月	3.6~5.0	3.4~4.5	12 月	9.1~11.3	8.5~10.6
2 月	4.3~6.0	4.0~5.4	15 月	9.8~12.0	9.1~11.3
3 月	5.0~6.9	4.7~6.2	18 月	10.3~12.7	9.7~12.0
4 月	5.7~7.6	5.3~6.9	21 月	10.8~13.3	10.2~12.6
5 月	6.3~8.2	5.8~7.5	2 岁	11.2~14.0	10.6~13.2
6 月	6.9~8.8	6.3~8.1	2.5 岁	12.1~15.3	11.7~14.7
8 月	7.8~9.8	7.2~9.1	3 岁	13.0~16.4	12.6~16.1

图书在版编目（CIP）数据

0~3 岁育儿一本就搞定 / 曾少鹏主编 . -- 南京：江苏凤凰科学技术出版社，2020.1
（汉竹·亲亲乐读系列）
ISBN 978-7-5713-0553-6

Ⅰ . ① 0… Ⅱ . ①曾… Ⅲ . ①婴幼儿－哺育－基本知识 Ⅳ . ① TS976.31

中国版本图书馆 CIP 数据核字 (2019) 第 178823 号

中国健康生活图书实力品牌

0~3 岁育儿一本就搞定

主　　　编	曾少鹏
编　　　著	汉　竹
责 任 编 辑	刘玉锋　黄翠香
特 邀 编 辑	苏清书　李佳昕　张　欢
责 任 校 对	郝慧华
责 任 监 制	曹叶平　刘文洋

出 版 发 行	江苏凤凰科学技术出版社
出版社地址	南京市湖南路 1 号 A 楼，邮编：210009
出版社网址	http://www.pspress.cn
印　　　刷	合肥精艺印刷有限公司

开　　　本	710 mm × 1 000 mm　1/16
印　　　张	13
字　　　数	260 000
版　　　次	2020 年 1 月第 1 版
印　　　次	2020 年 1 月第 1 次印刷

标 准 书 号	ISBN 978-7-5713-0553-6
定　　　价	39.80 元

图书如有印装质量问题，可向我社出版科调换。